my
fashion
style

编织人生书系
04

成人女装编织作品集

秋韵 雨恩 主编

辽宁科学技术出版社

编织人生网
www.bianzhirensheng.com

织毛衣，就上编织人生！

百度一下，你就能发现她！

编织人生

搜索一下

 目　录 Contents

序（编织物语）

秋来，叶落，风来，叶飞，一切青涩的回忆，在微凉的时光里，将思绪蔓延……

捻一片落叶，与秋对视，眼眸里似乎看见秋的萧瑟在枝头摇曳。倚浅秋的角落，合上心门，捻一片落叶的俗语，将心揉碎。

风剪叶落，枝叶散尽，于是，我便在遍地落叶的日子里，低诉那些过往……

现代社会，物质生活虽得以提高，但各种无形的压力随之而来，丰厚的物质条件，华丽的服饰并不一定让我们的幸福指数得以提高，反之，在我们得到很多的时候同时也失去了许多，我们抓住自己的空余时间，参与手工编织的时候或许可以使我们忘却工作与生活的烦忧，调节自我的心态。

快乐源于编织，编织带来更多的幸福体验，追逐快乐的你，赶紧跟我一起走进编织的魅力世界吧！

作者简介

网名：秋

昵称：秋韵雨思

真实姓名：万秋红

籍贯：江苏无锡

1968年9月生

爱好旅游，喜欢传统手工，痴迷编织……

绿色风情

簇拥绿色风情，享受静谧世界，
自在闲暇的生活，围绕那片心海。

制作方法见第057~059页 ▶

拼花披肩

多彩的季节，披上出门，让你的
优雅无尽绽放。

制作方法见第060~061页 ▶

复古清雅裙装

秋日晴空，湖光潋滟。你站立在那里，袅袅婷婷，摒弃了浮华，只余清新雅致。

制作方法见第062~064页 ▶

黄玫瑰

迷人的黄玫瑰，集艳丽和芬芳、美丽与幽香于一体。

制作方法见第065~067页 ▶

背影婷婷

浪漫、迷幻，回首处，迷醉了整片秋色。

制作方法见第068~071页 ▶

多情红玫瑰

女人的披肩，毫无疑问，是这个季节必备的时尚单品，能让女人在矜持端庄的外表下，闪耀……

制作方法见第072~073页 ▶

融融暖意披肩毛衣

伴随着披肩下摆流苏飘动的节奏，我们会不自觉地嘴角上扬，脚步轻盈，眼光明亮。明锐聪颖的女性能感悟到，在低温灰暗、太阳只愿与我们保持距离的日子里，披肩能带给我们身心的保护，暖意浓浓。

制作方法见第074页 ▶

绚烂斗篷衣

绚烂多彩的斗篷弥散温暖的气息，如盛开的花朵，娇艳动人。

制作方法见第075页 ▶

金色时尚披肩毛衣

　　金色——高贵优雅，简约的款式，气质的展现。尽显你的风采，你能不动容吗？

　　制作方法见第076~077页 ▶

温暖大气披肩

细品春华秋实，静赏云卷云舒，
任心情放任如歌。

制作方法见第078~080页 ▶

低调的优雅

气质源于由繁至简的大气，低调的优雅，在眉目之间，在轻灵的一颦一笑之间。

制作方法见第081~082页 ▶

玫瑰恋曲

　　艳丽的玫瑰红，合体的长裙，苗条的身材，在湖面的微风中摇曳生姿，显露着娇艳、浪漫迷人、风情万种。

制作方法见第083~085页 ▶

紫色梦幻

　　紫色——经典中的流行色。恰如岁月的年轮，经久不衰。这样一款钩织结合的毛衣，相信它会给你带来愉悦的心情。

制作方法见第086~088页 ▶

阿富汗针气质秋衣

最简单的设计却保留住了最不简单的气质，大方与知性美。

制作方法见第089~090页 ▶

山花烂漫披肩

段染色彩的陈杂，是意外的惊喜，盛开的山菊花披肩，艳丽妖娆。

制作方法见第091页 ▶

简单优雅

阳光下玩转经典与时尚的那份甜美，简单优雅、休闲洋气。

制作方法见第092页 ▶

素洁

　　当长久的凝望成为习惯，相信，浮华的褪变已完成。素洁的你，浅浅的笑，破茧而出，静倚亦成画。

制作方法见第093~094页 ▶

红日

　　暖暖的颜色让你感受青春的热情奔放，简约的款式，穿出你的独特魅力。

制作方法见第095~096页 ▶

咖啡情调

似一杯纯香咖啡，优雅在举手投足间弥散开来⋯⋯

制作方法见第097~098页 ▶

甜美披肩帽子

温柔的粉色，流露甜美，优雅笃
定中是感性生活的写照。

制作方法见第099~101页 ▶

素雅——简单精致开衫

　　简单的款式，合体的尺寸，平实的针法，适合任何的年龄层次，任何需要它的季节。

制作方法见第102~103页 ▶

金秋

　　宁静沉稳的色彩，休闲的V领设计，温柔、细腻、优雅，将金秋的味道展示得淋漓尽致。

制作方法见第104~105页 ▶

秋日私语
（魔法一根针作品）

　　永恒经典的黑白配，演绎着高贵和沉稳。

　　制作方法见第106~107页 ▶

玫瑰披肩

柔美的玫瑰披肩。体现出女性的干练和富有创意的魅力，却不失休闲与浪漫的韵味。

制作方法见第108~109页 ▶

钩织结合桌布衣

钩织结合的完美桌布衣，既时尚大方，又简约实用。

制作方法见第110~111页 ▶

修身套头小衫

简约不简单，独特的款式，拉伸身材比例，衬托完美身材，气质型的套头小衫让你更显优雅。

制作方法见第112页 ▶

披肩背心

简洁的款式，温暖的色泽，让你时刻体会舒适与自在。

制作方法见第113~114页 ▶

秋色七分袖

平凡的颜色，平凡的美，像清新的绿茶，让人回味悠长，悠长……

制作方法见第115页 ▶

多彩蝶恋花披肩

漂亮的披肩，多彩的颜色，完美地展现了女性的优雅与妩媚。

制作方法见第116~118页 ▶

多彩披肩和帽子

　　帽子和披肩一直是大家冬日的最爱，长段染线特有的色彩，成就了绚丽的披肩帽子。

制作方法见第119~121页 ▶

秋叶扁羽翩翩

秋日晴空，光潋滟，叶翩翩，熠生辉。

制作方法见第122~125页 ▶

秋香绿流苏披肩衣

优雅的秋香绿气质披肩，加入流苏的完美融合，让整件衣服充满飘逸和灵动。或披肩或外套，随心搭配。

制作方法见第126~127页 ▶

螺旋花披肩+裙子

最华丽的色彩，炫目，是艳若云霞的流动，美裙飘飘，同色的披肩，组成了独特的异域风情。

制作方法见第128~129页 ▶

夏日薄荷美

　　七月盛夏，空中没有一片云，没有一点风，头顶上一轮烈日，穿一袭薄荷一样的镂空披肩，是否会带给你一丝丝凉爽惬意……

制作方法见第130~132页 ▶

雅——螺旋花裙子

锈红色的美衣很显肤色哦，一针针织起的小豆豆洒落在衣服上，格外惹人怜爱。

制作方法见第133页 ▶

蓝色经典

淡淡的幽蓝，隐匿着你的美，蓝蓝的丝光棉夹着闪闪发光的金丝，衣衣的裙摆像极了波光粼粼的湖水，满心满眼都是那蓝色的妖娆和美丽。

制作方法见第134～135页 ▶

紫罗兰小披肩

简单的小披肩，一日即可完成，实用大方，赶紧动手一起织吧。

制作方法见第136～137页 ▶

俏丽袖子披肩

简单的款式，却是经典百搭款，你的衣橱又怎能少了它来作伴！

制作方法见第138页 ▶

百搭菠萝披肩

经典的套头披肩，穿起来既方便
又凉快，白色缎丝织成的这款菠萝花
披肩，很百搭。

制作方法见第139页 ▶

粉蝶翩翩

　　纵然人已渐渐老去，还是迷恋那美丽浪漫的粉色。细品春华秋实，静赏云卷云舒，任心情放任如歌。

制作方法见第140页 ▶

个性披肩

　　个性的洞洞披肩，一种时尚感的凝聚，是秋冬具有韵味的服饰。

制作方法见第141~142页 ▶

粉荷

　　柔美的色调，简约流畅的款式，似绽放在晨光里的花朵，清新脱俗，素雅可爱，搭配长裙，淑女优雅，搭配牛仔裤，青春活力，做夏日里的红粉佳人。

制作方法见第143~144页 ▶

清新夏日

　　在五彩斑斓的世界里，我们都爱那一抹绿色，它清新、甜美，能让心情放松，让你用独特又优雅的气场出现在大家的面前。

制作方法见第145~147页 ▶

炫紫

紫色，神秘高雅，镂空花更加妩媚性感，像普罗旺斯常开不败的薰衣草，在炎热夏日的暖风中摇曳生姿。紫色缎带的点缀让整件衣服更有光泽，又像天际一抹炫目的紫色彩霞。

制作方法见第148~149页 ▶

蓝玫瑰

　　虽然蓝色内含了淡淡的忧伤，但它也代表了敦厚善良。它会使你联想到天空，那么的宽广博大，什么东西都包容得下，你可以对它吐露你的一切，它总会回报你温暖的阳光，让你满怀信心地大步前行。

制作方法见第150~151页 ▶

绮丽

——披肩毛衣

段染毛线的独特花色，大片绮丽的花纹绚烂了整个秋天。

制作方法见第152~153页 ▶

两头可穿的披肩

阳光静静流淌着，一个人独自陶醉，初秋喜欢这披肩相伴的日子。

制作方法见第154～155页 ▶

紫蝶

紫色是秋天的时尚，紫色的摇曳浪漫、神秘性感，都让紫色形成一股旋风，倾情演绎紫色的魅惑。

制作方法见第156~157页 ▶

桃之夭夭

迷人的桃红色，小小的V领，稍微宽松的下摆，极尽休闲之能事。散发一种淑女的洒脱气质。

制作方法见第158~159页 ▶

绿色风情

成品规格： 衣长81cm，胸围98cm，袖长54cm，背肩宽38cm

编织工具： 1号棒针，10/0号钩针

编织材料： 绿色细毛线700g

编织密度： 花样编织、下针编织，37针×54行=10cm²

编织要点：

1. 此时尚长袖开衫衣身片及袖片分别是从腰节及袖轴处起针编织花样，再依照结构图及相应花样所示分别在腰节及袖轴上下进行挑针编织，编织完整后缝合前后肩线及安装袖片。

2. 最后在领口、门襟、下摆及袖口处分别挑针钩织相应缘编织。

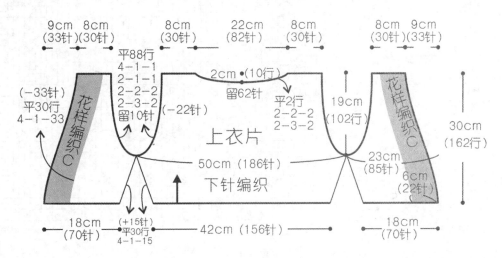

上衣片结构图：

9cm（33针） 8cm（30针） 8cm（30针） 22cm（82针） 8cm（30针） 8cm（30针） 9cm（33针）

平88行 4-1-1 2-1-1 2-2-2 2-3-2 留10针

2cm（10行） 留62针 平2行 2-2-2 2-3-2

花样编织C

（-33针）平30行 4-1-33

（-22针）

上衣片

19cm（102行）

花样编织C

30cm（162行）

下针编织

50cm（186针）

23cm（85针） 6cm（22针）

18cm（70针） （+15针）平30行 4-1-15 42cm（156针） 18cm（70针）

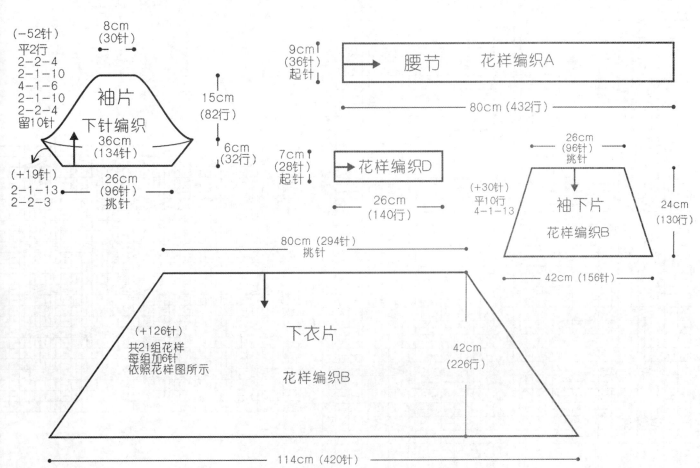

袖片结构图：

（-52针）平2行 2-2-4 2-1-10 4-1-6 2-1-10 2-2-4 留10针

8cm（30针）

袖片 下针编织 36cm（134针）

15cm（82行） 6cm（32行）

（+19针）2-1-13 2-2-3 26cm（96针）挑针

腰节 花样编织A

9cm（36针）起针

80cm（432行）

花样编织D

7cm（28针）起针 26cm（140行）

袖下片 花样编织B

26cm（96针）挑针 （+30针）平10行 4-1-13 24cm（130行）

42cm（156针）

80cm（294针）挑针

下衣片 花样编织B

（+126针）共21组花样 每组加6针 依照花样图所示

42cm（226行）

114cm（420针）

领口、门襟、下摆、袖口示意图

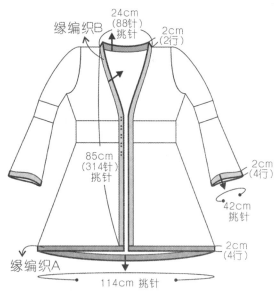

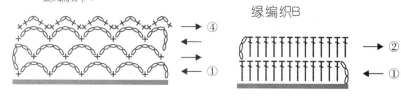

缘编织A

缘编织B

花样编织A

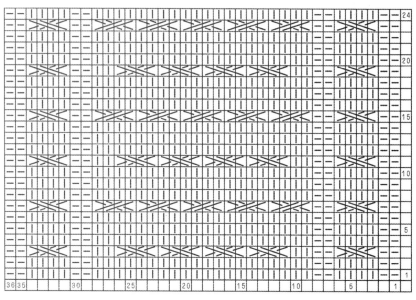

花样编织C

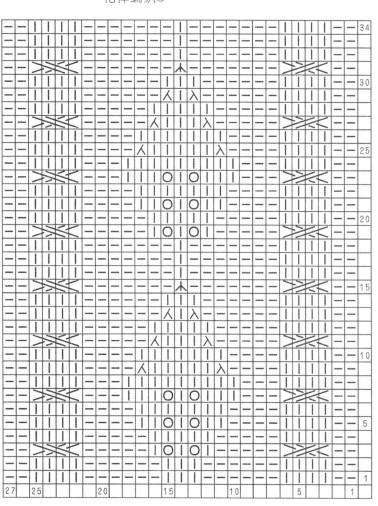

花样编织D

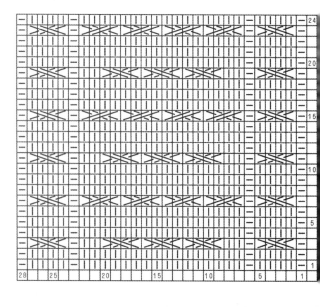

花样编织B

■ 空针

拼花披肩

成品规格： 衣长81cm，肩袖长50cm
编织工具： 10号棒针
编织材料： 五彩长段染粗毛线650g
编织密度： 花样编织、上下针编织，16针×23行=10cm²
编织要点：

1. 此时尚披肩的主体是由单个花样拼接而成，花样是从下摆起49针，再依照花样进行减针编织，编织完整后，再进行挑针编织第二组花样，依次依照结构图排列所示进行编织完整前后披肩片。

2. 在领口及袖口处分别挑针编织相应上下针编织，并制作流苏，安装固定在披肩下摆处。

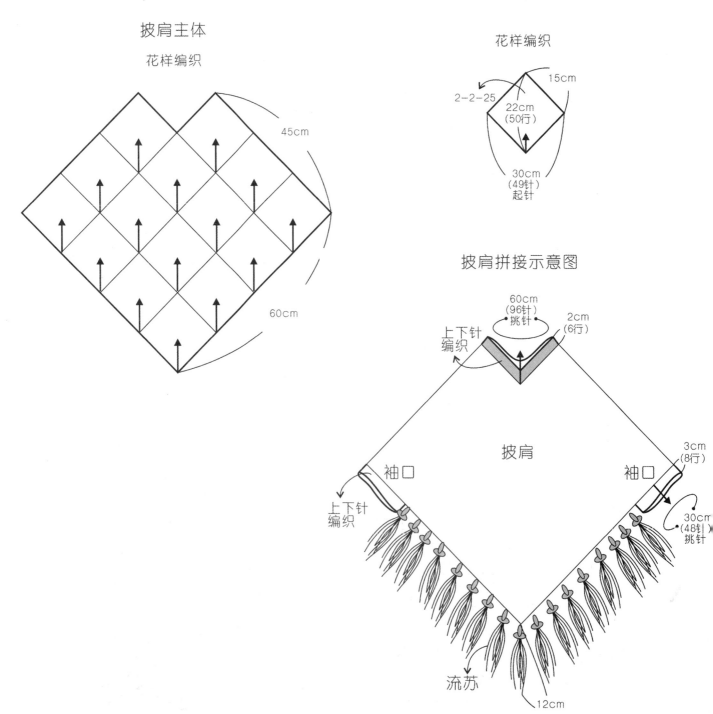

披肩主体

花样编织

45cm

60cm

花样编织

2-2-25

15cm

22cm
(50行)

30cm
(49针)
起针

披肩拼接示意图

60cm
(96针)
挑针

2cm
(6行)

上下针
编织

披肩

3cm
(8行)

袖口

袖口

上下针
编织

30cm
(48针)
挑针

流苏

12cm

花样编织

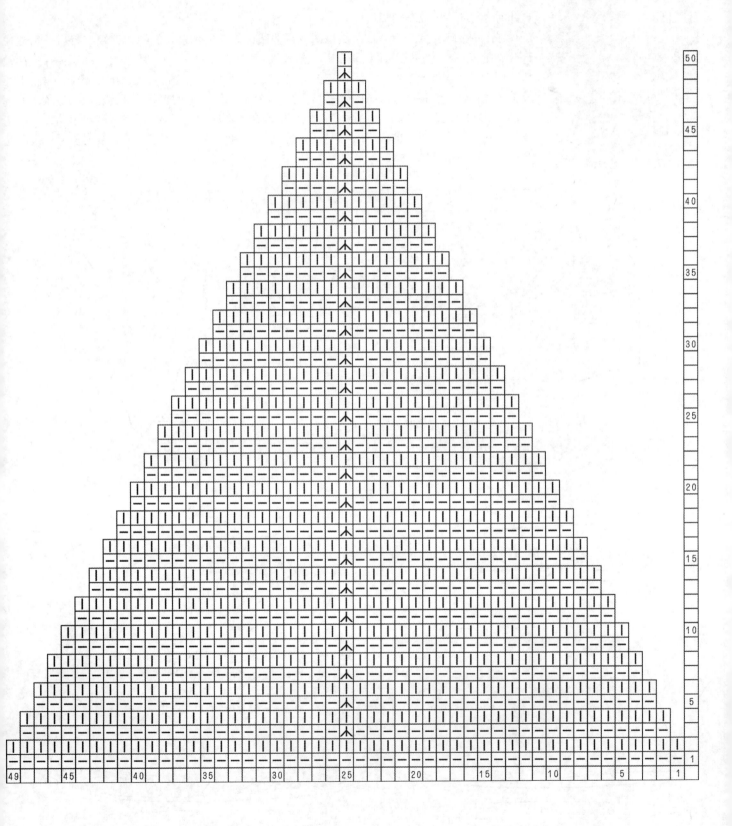

复古清雅裙装

成品规格： 衣长29cm，胸围95cm，肩袖长37cm，裙长68cm，腰围73cm，下摆155cm

编织工具： 7号棒针，6/0号钩针，62cm松紧带一条

编织材料： 淡蓝色段染缎带200g+380g，白色棉线50g+60g

编织密度： 花样编织、下针编织，22针×30行=10cm²

编织要点：

1. 此时尚套裙为上衣与裙片组成。

2. 上衣，从领口起132针，依照结构图及插肩线编织图所示进行编织，编织46行后分出袖片部分，把前后身片整体往下编织下针，袖片处依照结构图减针方法所示圈状编织袖片；在领口、门襟及下摆处分别挑针编织相应缘编织A，注意在门襟相应位置处留出扣眼位，再在下摆及袖口处挑针钩织相应缘编织B，编织3个长为16cm，宽为2cm的长条，并旋转成饰花状。

3. 裙片，裙片是从下摆起340针圈状编织，依照结构图减针方法及花样编织A所示编织10组花样，再往上编织24行花样编织B，并沿着折叠线向里翻折，在腰头处安装一条周长为62cm的松紧；最后在下摆处挑针钩织30个缘编织B。

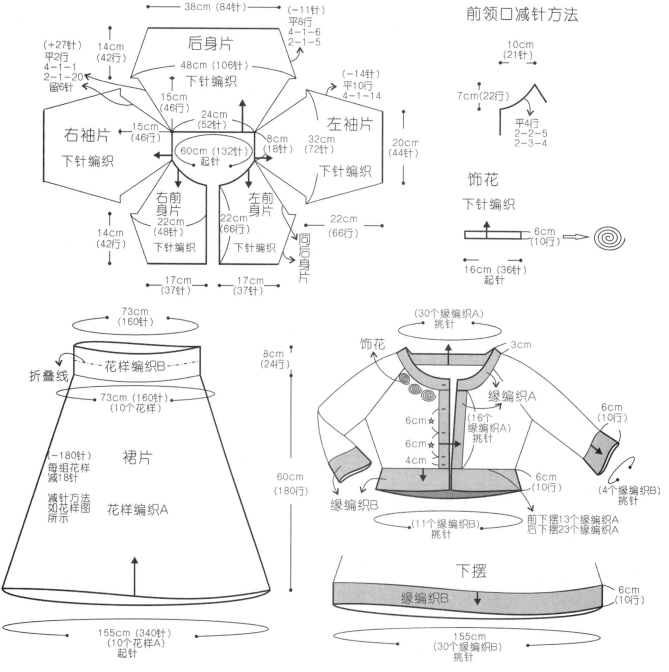

缘编织A

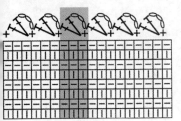

插肩线编织

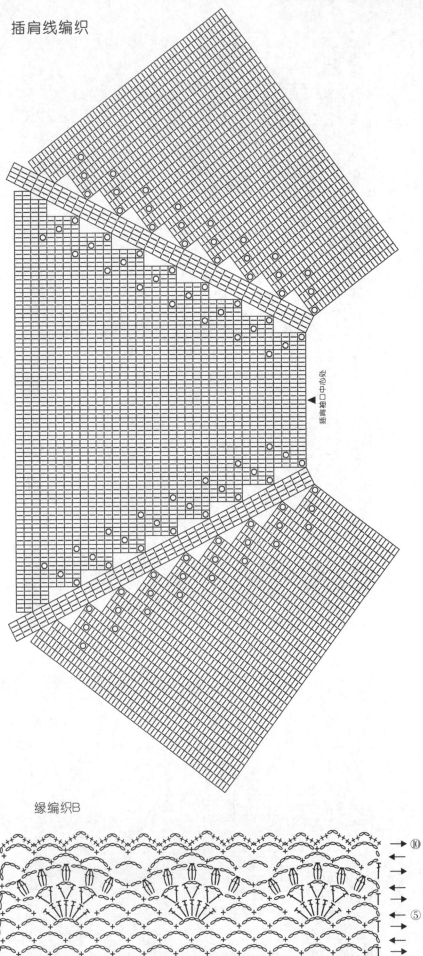

插肩袖口中心处

缘编织B

→ ⑩
←
→
←
→
← ⑤
→
←
→
← ①

花样编织A

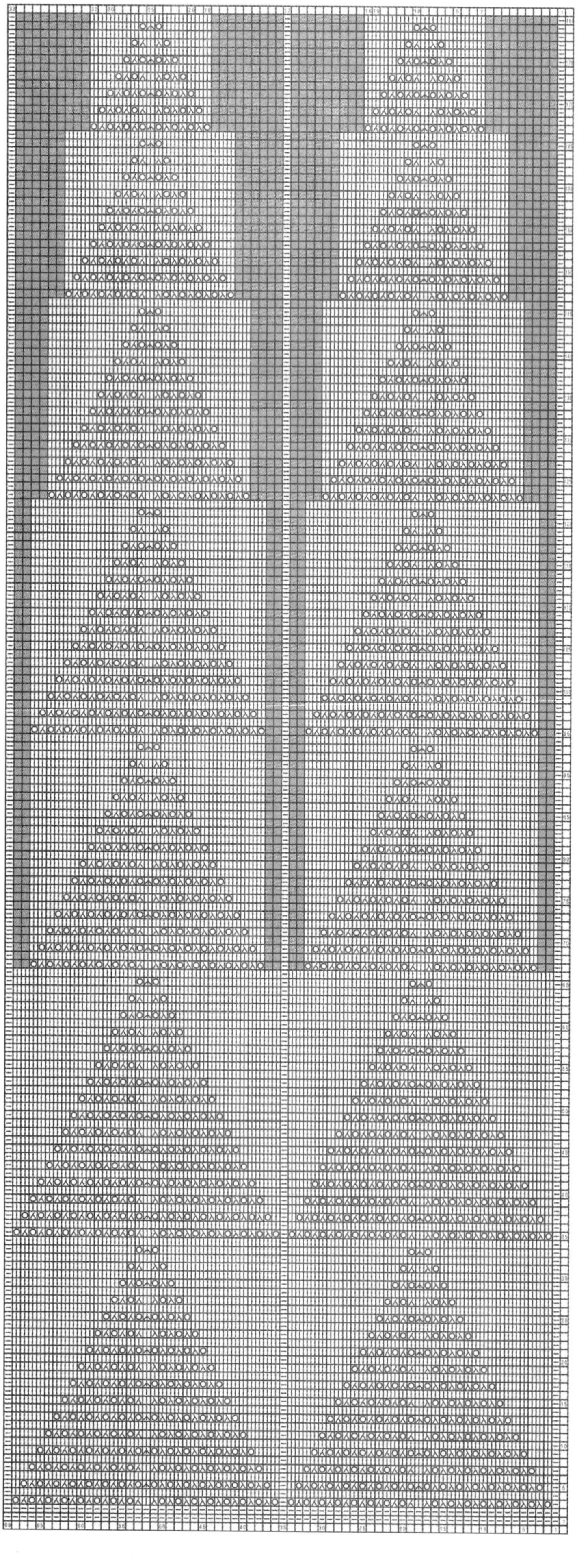

花样编织B

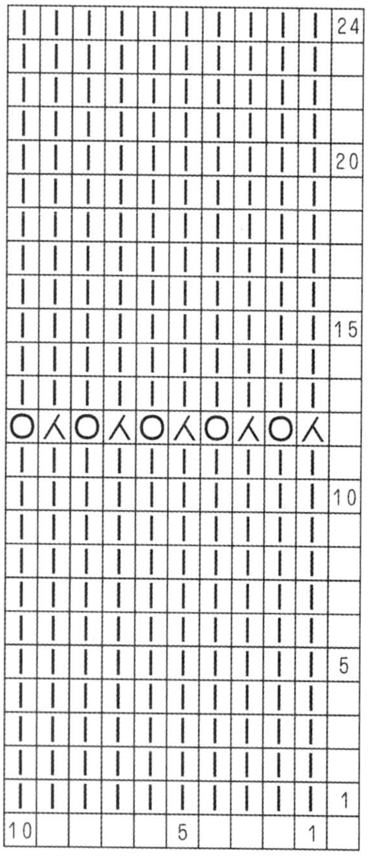

黄玫瑰

成品规格： 衣长84cm，胸围100cm

编织工具： 8号潮州钩针

编织材料： 羊毛小圈圈线合6股钩500g，5枚圆形纽扣

编织要点：

1. 结构图，参照图1，在图4中空处，衣服由花样A、B、C钩织，然后钩帽子而成。

2. 花样A（2片）、花样B，花样A参照图2，锁针起76针，如图钩织25行后收针，相同钩另一片。花样B参照图3，锁针起130针，如图钩织23行后收针。两片A与一片B的总针数为282针。

3. 花样C，参照图1，图4，①在花样A、B上挑针280针，将A、B连接处2针并1针，然后如图花样C（可参考花样C细节图）钩织至38行。②开袖窿，织前领，如图，右侧织至61行后收针。左侧钩织方法类似，与右侧相对称。③后片，如图织20行后开后领，继续钩3行后收针。均织完后，肩相缝合。

4. 帽子，参照图1、图4灰色针法处，先钩a1的12行补角、b1的3行补角，然后一起钩织30行后收针，注意第3~30行中心加减针针法，可参考帽子中心加减针细节图。钩完中心对折缝合，形成帽兜。

5. 袖口边缘，参照图4，在袖口1对1挑针钩1行短针、1行长针后收针。衣服完成。

6. 收尾，将5枚圆形纽扣缝合在左门襟处。衣服完成。

帽子中心加减针细节图

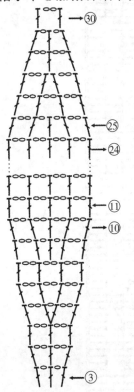

图2：花样A图解

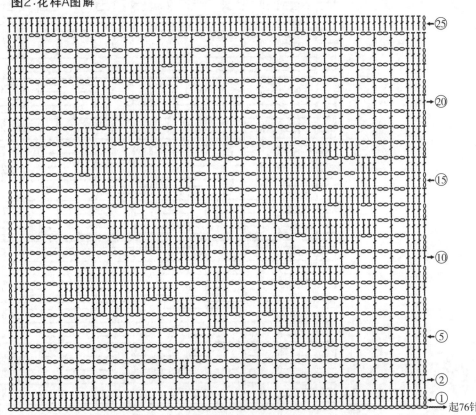

起76针

图3:花样B图解

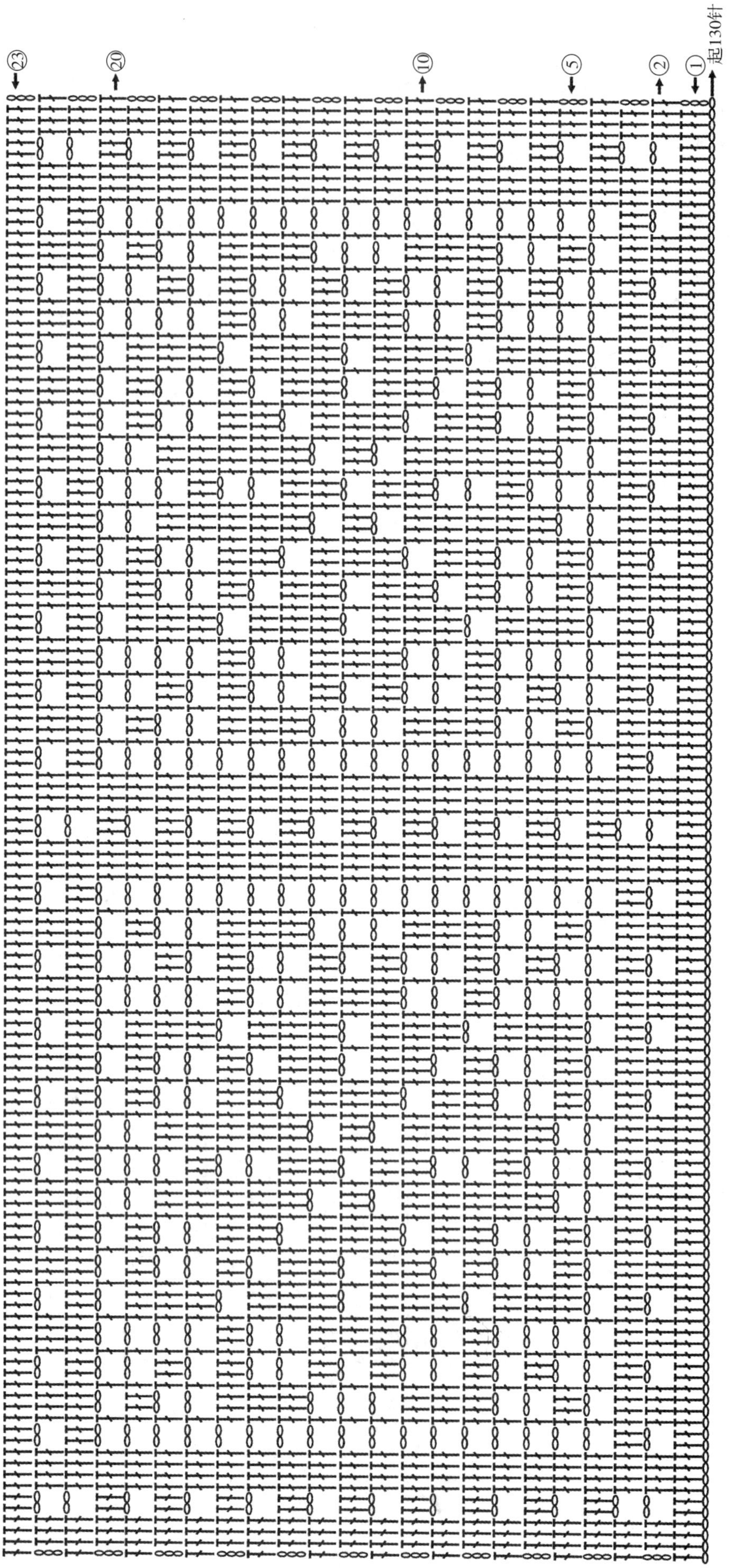

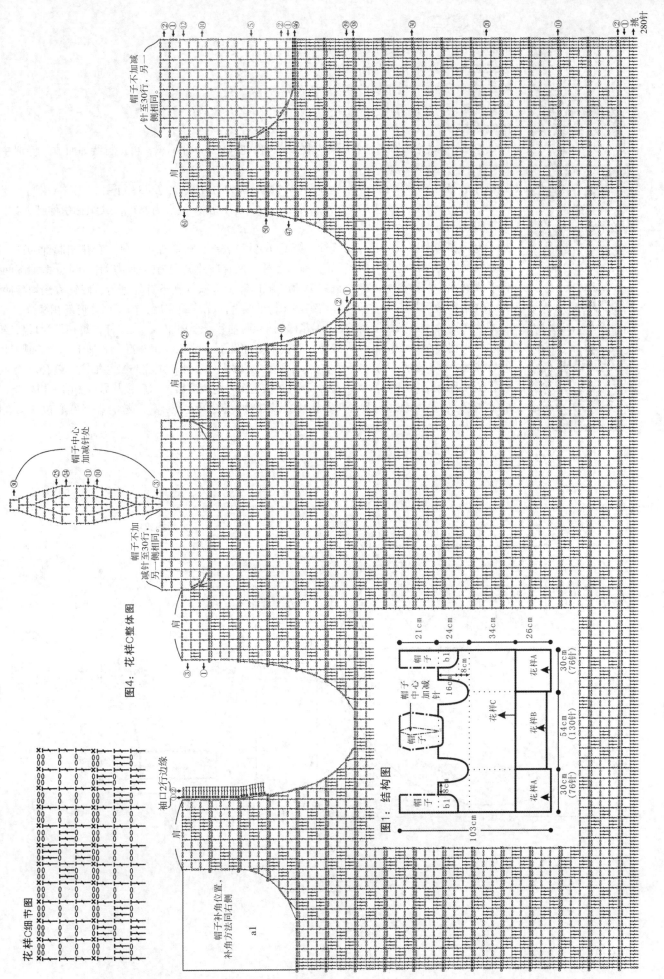

图4：花样C整体图

花样C细节图

帽子补角位置，补角方法同右侧。

a1

帽子中心加减针处

帽子不加减，针至30行，另一侧相同。

帽子不加减，针至30行，另一侧相同。

280针

袖口2行边缘

图1：结构图

帽子

帽子中心加针

花样A

花样B

花样C

花样A

21cm
24cm
34cm
26cm

30cm (76针)

54cm (130针)

30cm (76针)

103cm

16cm

8cm

b1

b1

背影婷婷

成品规格： 衣长63cm，胸围80cm，袖长53cm

编织工具： 7号棒针，8号潮州钩针

编织材料： 黛尔妃爱尔曼彩色段染线700g

编织密度： 下针，18针×27行=10cm²，花样B，35针×27行=10cm²

编织要点：

1. 结构图，参照图1所示，衣服为花样A、15份花样B及下针编织，再进行装饰而成。特别注意花样B引退针编织针法。

2. 花样A、B，参照图1、图2，起69针，针数分配为21针花样A及48针下针，花样A花型不变。花样B引退针编织，引退方法如图，每2行减4针减12次，每份为28行，共织15份停针，如图1呈半圆形。

3. 上身片，参照图1、图3，①挑针，第2步69针不收针，中心加出22针，再挑出起针69针，即共为160针，不加减针织18行，②分前、后片，两片前片分别为38针、后片70针，即袖窿两侧各平收7针。③减针，如图，袖窿和V领同时减针，减针在下针处进行，减针方法均参照图3，花样A针数保持不变。前后片均织至70行后收针。④均织完后，前、后片肩部相缝合。

4. 袖片（两片），参照图1袖片。①花样B，参照袖片花样B图解，起24针，每16行为1组，织4组后两头相缝合。②袖下，挑52针，并按袖下加针下针编织，织78行。③袖山，中心减8针，然后按袖山减针编织，织46行后收针。④相同方法织另一片，织完与身片袖窿相缝合。

5. 领，参照图1，一侧前片8针不收针，直接往上织一定高度后，与后领及另一侧前片相缝合。

6. 后背单元花，参照图4及说明，钩1枚旋转增加花瓣单元花，钩完缝合在半圆心位置。衣服完成。

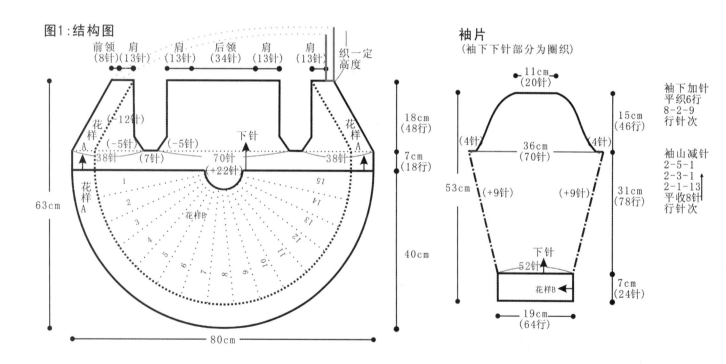

图1：结构图

前领（8针） 肩（13针） 肩（13针） 后领（34针） 肩（13针） 肩（13针） 织一定高度

花样A（-12针）
花样A（-5针）（-5针）
38针（7针） 70针（+22针） 38针
花样A
花样B
1 2 3 4 5 6 7 8 9 10 11 12 13 14 15

下针

63cm
18cm（48行）
7cm（18行）
40cm
80cm

袖片
（袖下下针部分为圈织）

11cm（20针）
15cm（46行）
（4针） 36cm（70针） （4针）
（+9针） （+9针）
53cm
31cm（78行）
下针
52针
花样B
7cm（24针）
19cm（64行）

袖下加针
平织6行
8-2-9
行针次

袖山减针
2-5-1
2-3-1
2-1-13
平收8针
行针次

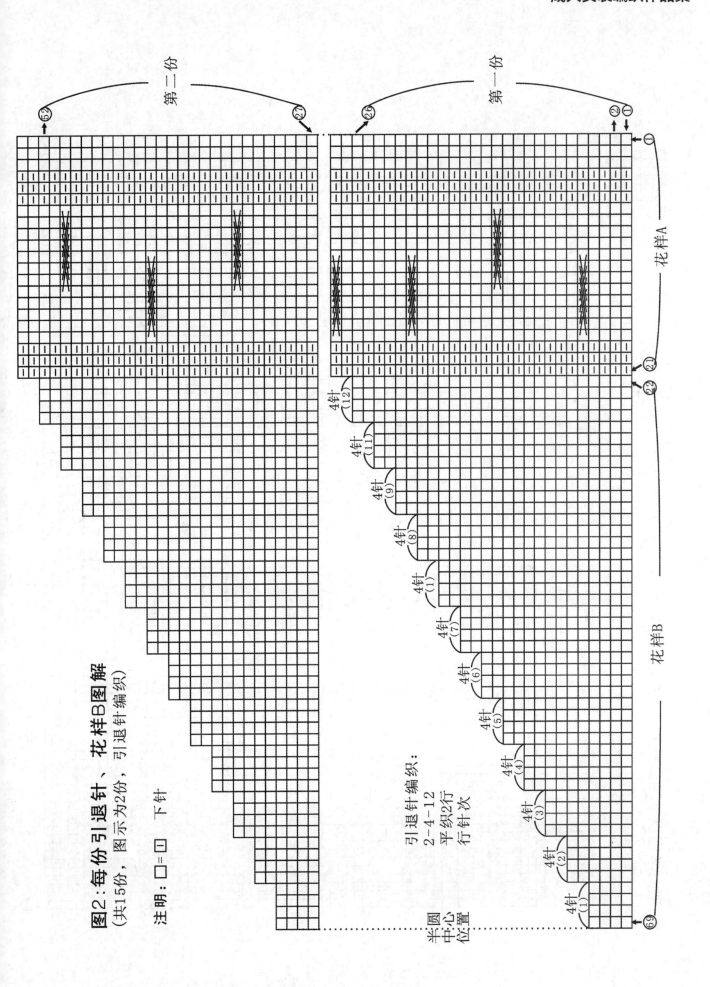

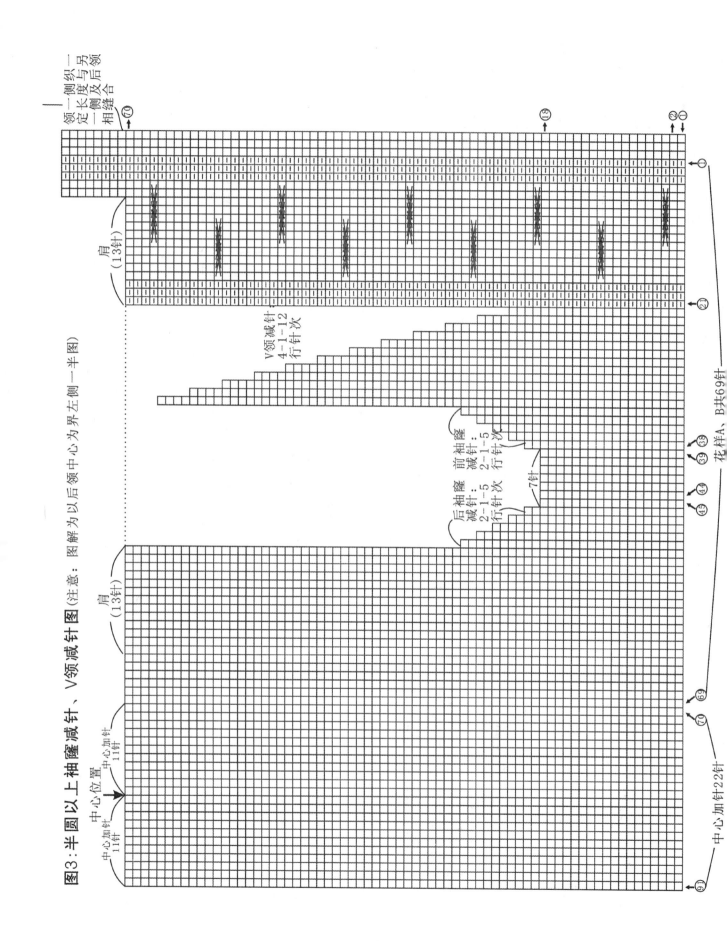

图3：半圆以上袖窿减针、V领减针图（注意：图解为以后领中心为界左侧一半图）

肩（13针）

中心位置
中心加针11针
中心加针11针

中心加针22针

后袖窿减针：
2-1-5
行针次

前袖窿减针：
2-1-5
行针次

7针

V领减针：
4-1-12
行针次

肩（13针）

领一侧织一定长度及另一侧与后领相缝合

花样A、B共69针

袖片花样B图解

16行1组
共4组64行

单元花编织说明：
灰色针法为每2行2行增加花瓣。
起针：6锁针围圈
第一层花：第1、2行，共4花瓣
第二层花：第3、4行，共5花瓣
第三层花：第5、6行，共6花瓣
第四层花：第7、8行，共7花瓣
第五层花：第9、10行，共8花瓣
第六层花：第11、12行，共9花瓣
灰色第六层锁针针数：3、5、7、9、11、13
灰色第一至六层瓣锁针数：3、5、7、9、11
灰色第一至六层瓣长针数：3、5、7、9、11、13
灰色第一至增加长瓣针数：5、7、9、11、13

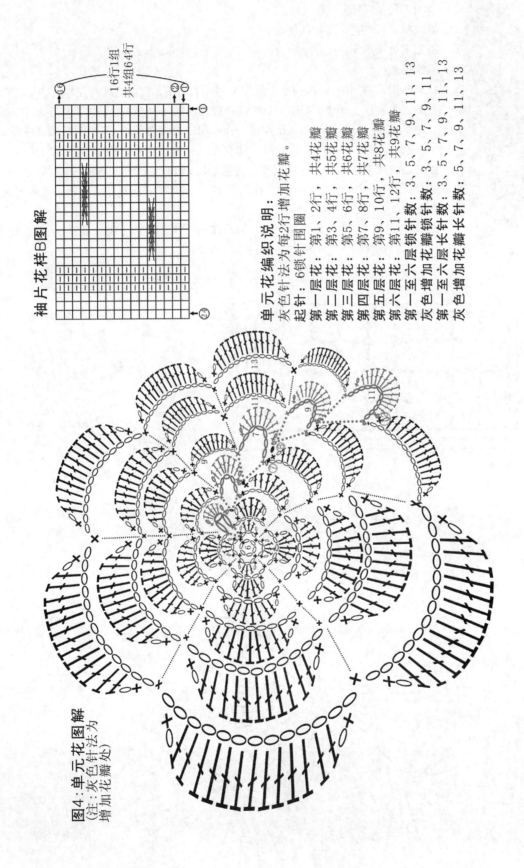

图4：单元花图解
(注：灰色针法为
增加花瓣处)

多情红玫瑰

成品规格：披肩长144cm，披肩宽64cm
编织工具：5号潮州钩针
编织材料：红色金丝棉线800g
编织密度：单元花A=16cm×16cm；单元花B=6cm×6cm
编织要点：

1. 结构图，参照图1，披肩由单元花A、B、C连接，然后边缘钩花样D而成。单元花A、B、C枚数分别为36枚、20枚、4枚。其中A1~A12为左前片，A13~A24为后片，A25~A36为右前片。
2. 单元花A，共36枚单元花相连接，连接顺序可参考图1。参照图2钩第1枚单元花A，单元花A由6锁针起针后，钩10行后断线，钩织针法见图。钩第2枚单元花最后1行时，按图3单元花连接方法进行连接，往下以此类推，注意A10、A14及A22、A26袖口位置。
3. 单元花B、C，单元花B、C起补角作用，参照图3连接方法，边钩边与单元花A相连接。注意单元花C补角位置。
4. 花样D，参照图3，单元花A边缘钩1行连接行，然后参照图4钩花样D，注意转角位置锁针数。
5. 袖口，连接及钩织方法均参照边缘进行即可。

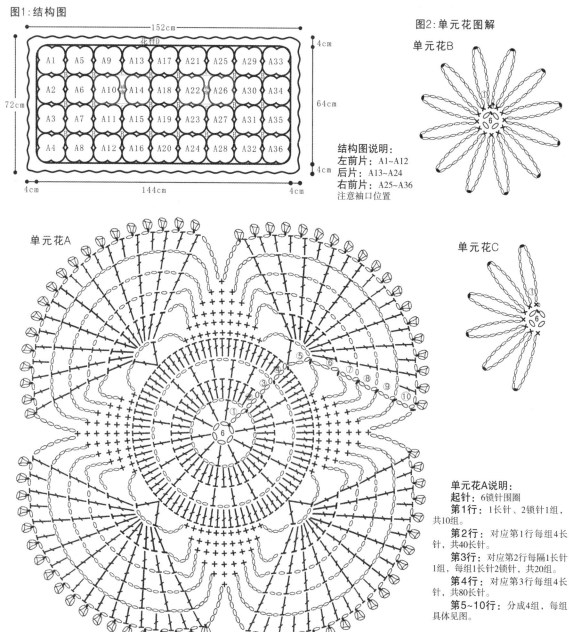

图1：结构图

152cm

花样D

A1	A5	A9	A13	A17	A21	A25	A29	A33
A2	A6	A10	A14	A18	A22	A26	A30	A34
A3	A7	A11	A15	A19	A23	A27	A31	A35
A4	A8	A12	A16	A20	A24	A28	A32	A36

72cm   64cm
4cm   4cm
4cm   144cm   4cm

图2：单元花图解

单元花B

结构图说明：
左前片：A1~A12
后片：A13~A24
右前片：A25~A36
注意袖口位置

单元花A

单元花C

单元花A说明：
起针：6锁针围圈
第1行：1长针、2锁针1组，共10组。
第2行：对应第1行每组4长针，共40长针。
第3行：对应第2行每隔1长针1组，每组1长针2锁针，共20组。
第4行：对应第3行每组4长针，共80针。
第5~10行：分成4组，每组具体见图。

图3:单元花连接图、边缘连接行图

袖口

连接行起始处（注意转角）

图4：边缘花样D图，袖口花样同(注意转角处连接行为3锁针)

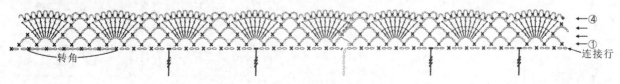

转角

连接行

融融暖意披肩毛衣

成品规格： 衣长80cm，袖长65cm

编织工具： 10号棒针

编织材料： 蓝-绿-白长段染毛线950g

编织密度： 花样编织、上下针编织，16针×24行=10cm²

编织要点：

1. 此时尚披肩是从披肩的一侧起112针，依照结构图及花样编织图进行编织，并在相应位置处留出袖口位置。

2. 袖片是从袖口起38针，依照结构图加减针方法及花样编织图编织完整，并安装在披肩袖口处。

3. 最后制作流苏，安装固定在披肩下摆处。

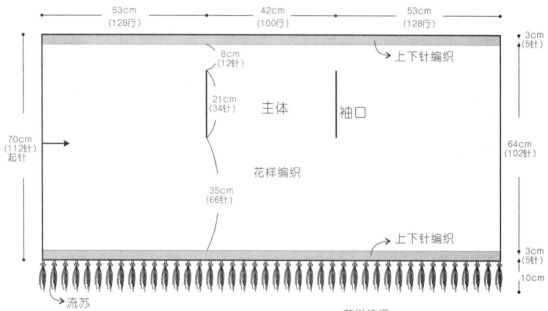

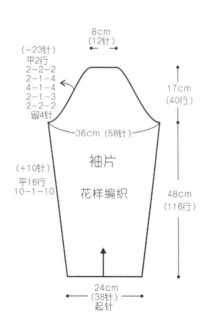

花样编织

绚烂斗篷衣

成品规格：衣长43cm，胸围82cm

编织工具：8号、10号棒针；8号潮州钩针

编织材料：段染锻丝150g，蕾丝花边少许

编织密度：138针螺旋花每边6cm

编织要点：

1. 结构图，参照图1，衣服为螺旋花衣，螺旋花编织参照螺旋花编织及连接图解。参照图2，衣服共1行螺旋花连接，然后在边缘进行装饰而成。螺旋花用8号棒针，边缘用10号棒针、4号钩针钩织。

2. 螺旋花，如图2，螺旋花织5枚起针为162针的螺旋花并相连接。

3. 领口，参照图3，按领部挑针每边挑25针，共挑250针，然后按减针方法及针法图编织10行，继续用钩针钩花样A完成。

4. 下摆，参照图3，按下摆挑针每边挑27针，共挑270针，然后按减针方法并参照领口减针针法图编织10行，继续用钩针钩花样A完成。

5. 装饰，裁剪合适蕾丝带，用缝纫机缝合在下摆相应位置。衣服完成。

图1：披肩结构图

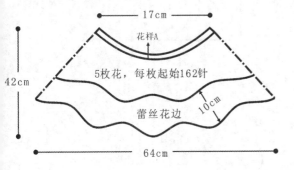

图2：螺旋花平面图

（数字为每花起始针数，用8号棒针编织）

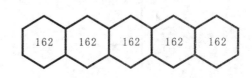

图3：领口、下摆挑针明细图、减针针法图（10号棒针编织）

中心两侧减针，减针方法：2-2-3　平织4行
　　　　　　　　　　　行针次

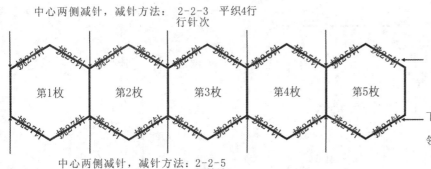

中心两侧减针，减针方法：2-2-5
　　　　　　　　　　行针次

领部挑针：每边挑25针，共10边，挑250针织10行搓板针

领部减针：中心处两侧减针，减针方法每2行减2针减3次，继续不加减针织4行

下摆挑针：每边挑27针，共10边，挑270针织12行搓板针

领部减针：中心处两侧减针，减针方法每2行减2针减5次

领口减针针法图、下摆减针方法类似领口

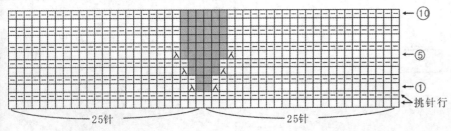

注明：□=□　■=无针

图4：花样A图解

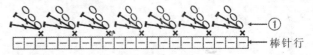

金色时尚披肩毛衣

成品规格： 衣长61cm，胸围114cm，肩袖长37cm

编织工具： 10号棒针

编织材料： 金色粗珠片毛线700g

编织密度： 花样编织，15针×21行=10cm²

编织要点：

此时尚披肩是从袖片共起66针，在肩线处前后袖片处分别进行加针，再依照结构图所示及花样编织图进行编织，编织完整后，拼接前后身片侧缝处。

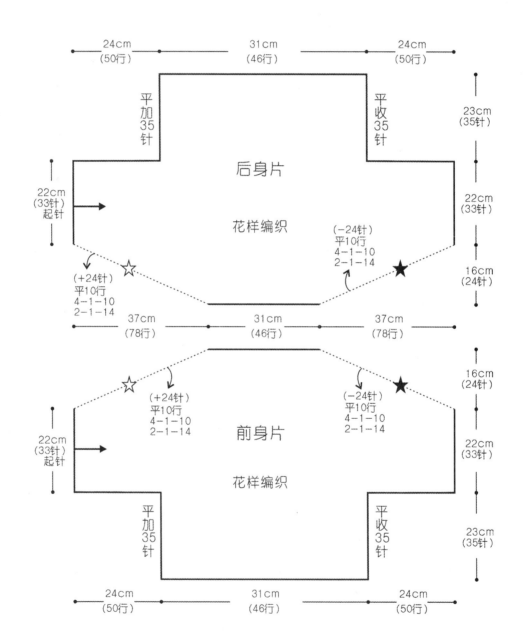

24cm（50行） 31cm（46行） 24cm（50行）

平加35针   平收35针

23cm（35针）

后身片

22cm（33针）起针   花样编织   22cm（33针）

16cm（24针）

（+24针）平10行 4-1-10 2-1-14   （-24针）平10行 4-1-10 2-1-14

37cm（78行） 31cm（46行） 37cm（78行）

16cm（24针）

（+24针）平10行 4-1-10 2-1-14   （-24针）平10行 4-1-10 2-1-14

22cm（33针）起针   前身片   22cm（33针）

花样编织

平加35针   平收35针

23cm（35针）

24cm（50行） 31cm（46行） 24cm（50行）

花样编织

温暖大气披肩

成品规格： 衣长66cm，衣宽60cm

编织工具： 7号、9号棒针，7号钩针

编织材料： 黛尔妃绝版爱尔曼段染毛线850g，5枚圆形纽扣

编织密度： 7号棒针，20针×22行=10cm²；9号棒针，22针×30行=10cm²

编织要点：

1. 结构图，参照图1，衣服由主体一、主体二、领组成，然后编织门襟、袖口边缘而成。其中主体一、二、领均用7号棒针，门襟用9号棒针，袖口、下摆边缘用7号钩针。

2. 主体一，为一长方形。整体走向参照图1主体一、花样参照图3。①下针起针法，起89针，89针针数分配见图3，纵向凤尾花不加减针织7组，共84行。②留袖口，织第85行时先织19针，然后平收34针，继续织余下36针。织第86行时织19针后，将第85行收掉的34针加回，继续织余下36针。袖口形成。③不加减针织14组凤尾花后同第2步留袖口方法，留出另一只袖口，然后继续织7组凤尾花后收针。主体一完成。

3. 主体二，整体走向参照图1主体二、花样参照图4。①在主体一一侧（见图1）挑272针，搓板针编织4行。②往上逐渐减针，共减6次，减针位置见图4灰色块处，减针行数旁均写明减几针。注意每次减针数为28针、26针、28针、26针、28针、26针。

4. 领，整体走向参照图1领、花样参照图5。列数上共为3组花，由第1组112针加至第3组172针。注意第1组112针，其中开始和结尾2针为边针。

5. 门襟，参照图1左、右门襟，挑针见图2。此处以右门襟为例说明：用9号棒针在左门襟处挑146针，搓板针织5行，第6行主体二处开5枚扣眼，1枚扣眼为3针1行，针数分配如图，继续织6行后收针。左门襟不用开扣眼，挑针织12行后收针。左门襟织完后，对应右门襟扣眼缝上5枚圆形纽扣。

6. 袖口、下摆，参照图6，在袖口、下摆分别用7号钩针钩花样A、花样B。挑针可参照图6，也可根据衣服平整度来挑针。

7. 收尾，均织完后，参照图2进行折合，衣服完成。

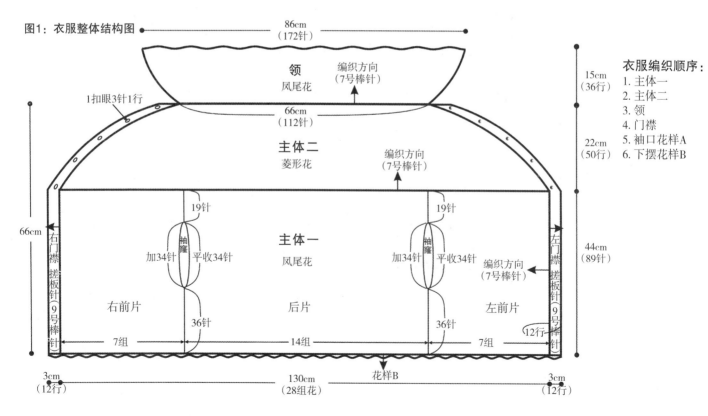

图1：衣服整体结构图

图2：衣服折合后效果图

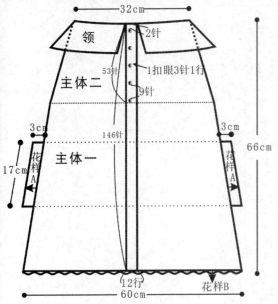

图3：主体一凤尾花图解
起89针排花:2针边针+17针花样(5组85针)+2针边针

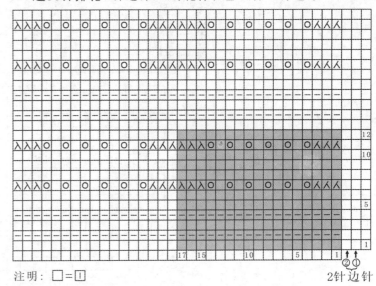

注明：□＝□

2针边针

图4:主体二部分菱形花图解(灰色方块处为减针位置)

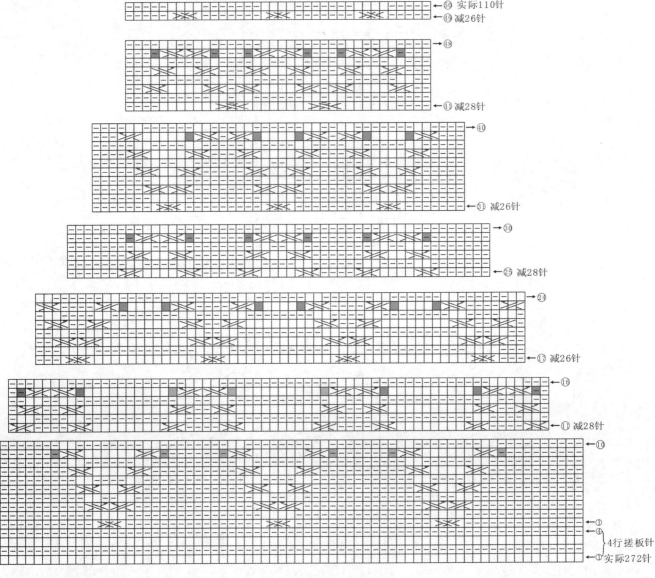

图5：领凤尾花图解(行数上3组花)
　　　第一组、112针：1针边针+11组花(110针)+1针边针
　　　第二组、132针：1针边针+13组花(130针)+1针边针
　　　第三组、172针：1针边针+17组花(170针)+1针边针

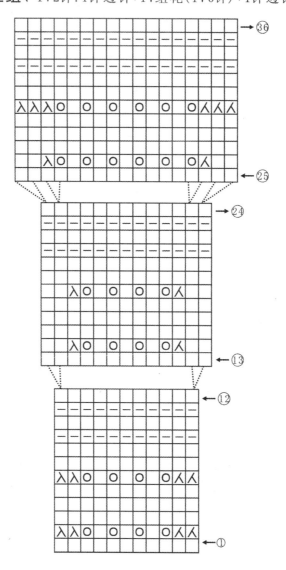

图6：袖口花样A、下摆花样B图(挑针可根据衣服平整度挑)

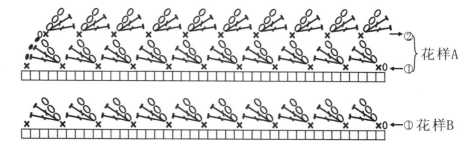

低调的优雅

成品规格：衣长44cm，胸围88cm，袖长49cm，背肩宽36cm

编织工具：7号棒针，6/0号钩针

编织材料：灰色中粗段染线550g

编织密度：花样编织，23针×29行=10cm²

编织要点：

1. 此时尚长袖前后身片为整体编织，是从下摆起101针，依照结构图加减针方法编织花样，编织完整后拼接前后肩线。

2. 袖片是从袖口起56针，依照结构图加减针方法编织完整袖片，并安装在衣身片上。

3. 最后在领口、门襟、下摆及袖口处分别挑针钩织相应数目的缘编织。

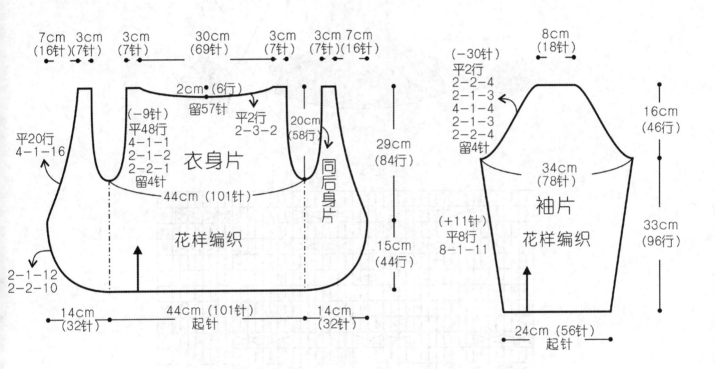

缘编织

领片、门襟、下摆、袖口

缘编织

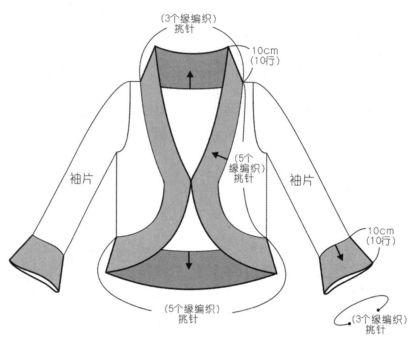

花样编织

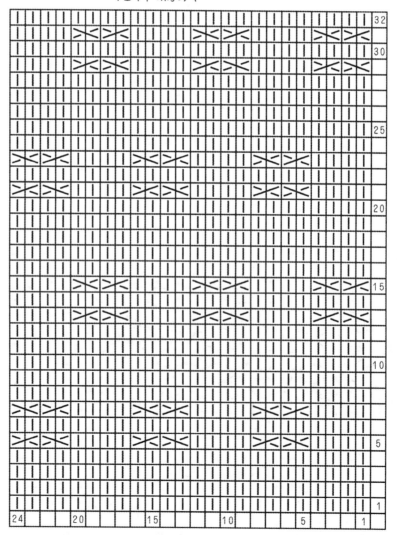

玫瑰恋曲

成品规格：衣长100cm，胸围80cm，背肩宽34cm

编织工具：0号棒针，0.7mm钩针

编织材料：玫瑰红色冰丝线540g，白色冰丝线80g，粉色冰丝线80g

编织密度：花样编织A、B、C，42针×42行=10cm²

编织要点：

1. 此时尚短袖长裙是先依照结构图所示编织两排花样编织A，再在下摆上挑700针，依照结构图加减针方法及花样编织图所示圈状编织，编织完整后缝合前后侧缝及肩线处。

2. 最后在领口及袖口处挑针钩织6行短针。

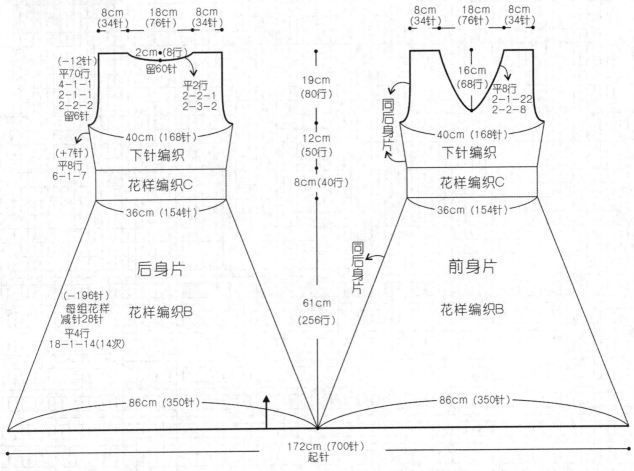

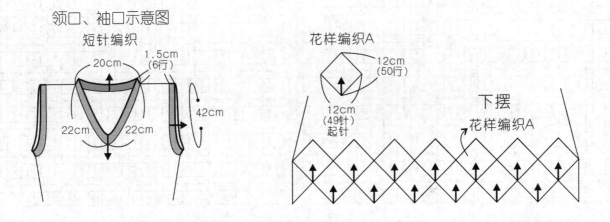

花样编织B

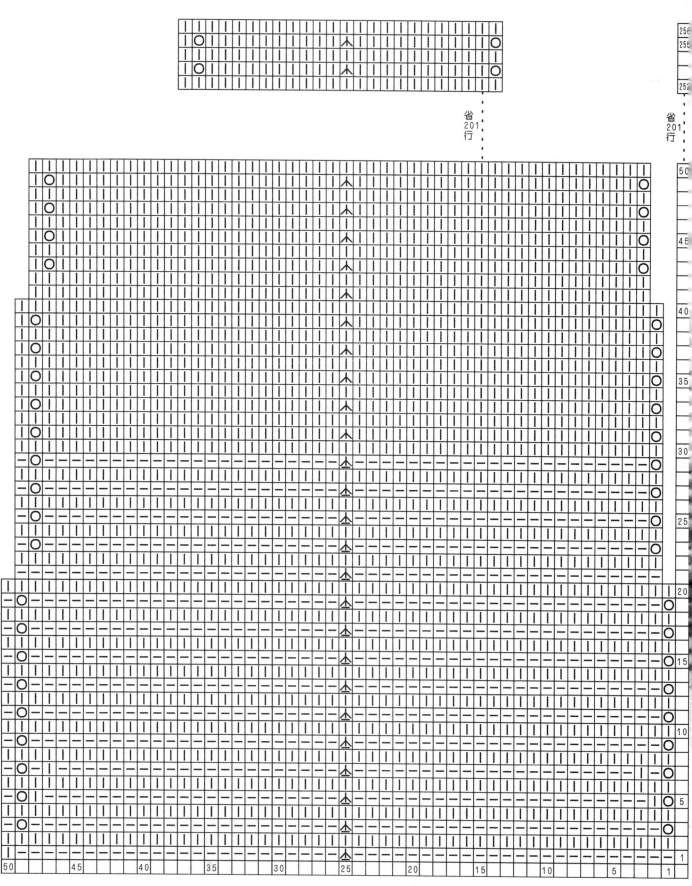

084

花样编织A

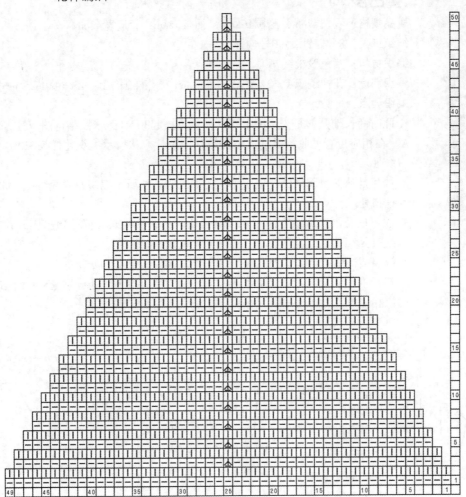

花样编织C

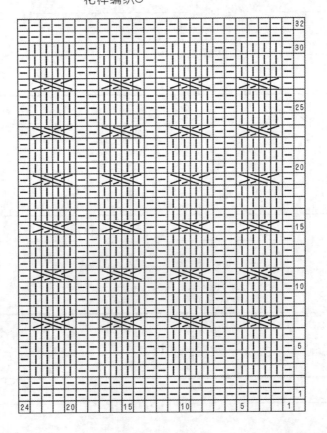

紫色梦幻

成品规格： 衣长77cm，胸围108cm，袖长54cm，背肩宽42cm

编织工具： 8号棒针，6/0号钩针

编织材料： 紫色段染线760g

编织密度： 花样编织A，22针×32行=10cm²；花样编织B，15cm×17.5cm=10cm²

编织要点：

1. 此时尚长袖开衫是先编织下衣片，从下摆起308针，依照结构图减针方法编织90行花样编织A，在相应位置处收褶并往上依照结构图减针方法所示编织花样编织A，编织完整后拼接前后肩线处。

2. 袖片是从袖口起56针，依照结构图加减针方法所示编织花样编织A，编织完整后安装在衣身片袖口处。

3. 衣下摆及围脖编织方法相同，均是从侧缝起针钩织8组花样编织B，并在下摆下边缘处挑针钩织3行缘编织A，在围脖上下边缘处均钩织2行缘编织A。

4. 依照结构图所示钩织蝴蝶结，并安装固定在衣身片后腰节处。

5. 最后在领口处挑针钩织16行花样编织C，在门襟下摆处分别起5针，编织完整门襟，并在右门襟相应位置处留出扣眼，在左门襟相应位置处安装6枚纽扣。

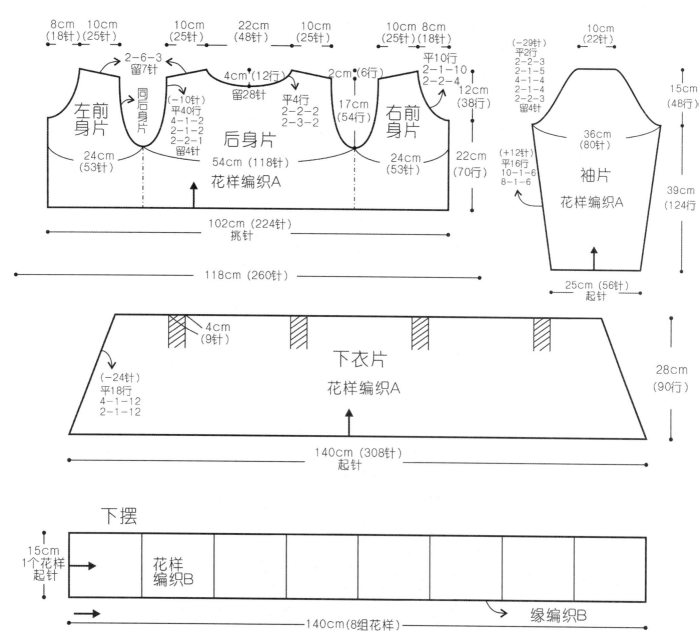

后腰蝴蝶结

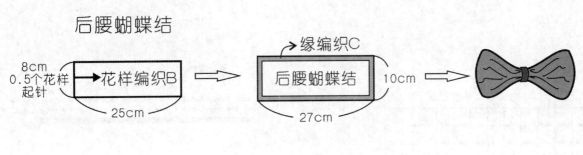

8cm
0.5个花样
起针

花样编织B

25cm

→缘编织C

后腰蝴蝶结

10cm

27cm

围脖

15cm
1个花样
起针

花样
编织B

→缘编织A

→缘编织A

140cm(8组花样)

领口、门襟示意图

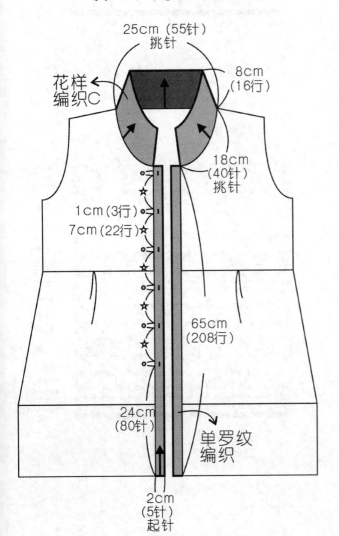

25cm（55针）
挑针

花样
编织C

8cm
（16行）

18cm
（40针）
挑针

1cm(3行)
7cm(22行)

65cm
（208行）

单罗纹
编织

24cm
（80针）

2cm
（5针）
起针

花样编织A

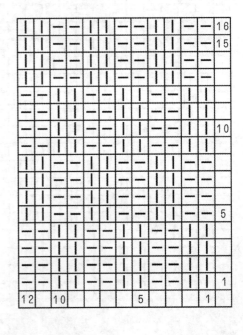

花样编织B

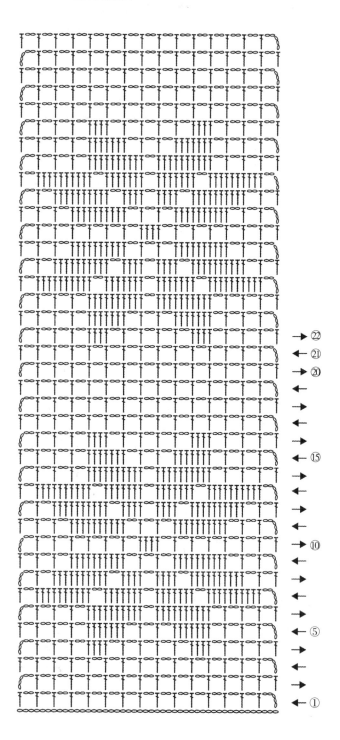

缘编织A

缘编织B

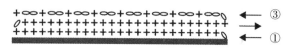

缘编织C

花样编织C

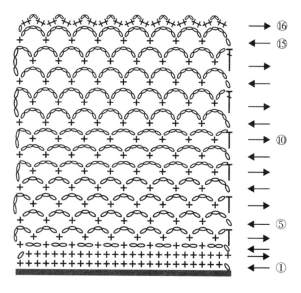

阿富汗针气质秋衣

成品规格： 衣长64cm，胸围78cm，袖长56cm

编织工具： 6.5mm阿富汗针，可乐6.0mm钩针，缝衣针

编织材料： 恒源祥粗毛线米白色500g，咖啡色400g，φ=2cm透明亚克力花朵纽扣6枚

编织要点：

1. 整件衣服由衣身片、左右前片、后片、门襟片、领片、下摆片和2片袖片组成，腋下部分左右前片和后片是一起编织的，腋上部分左前片、右前片和后片分片编织。

2. 衣身片的织法，6.5mm阿富汗钩针起122针，织38行花样A，两边腋下中心平收7针，左右前片各26针，后片56针。

3. 后片的织法，后片两边按照1-1-3各减3针，接着不加减织11行收后领，后领中间平收20针，两边按照1-1-4减4针，肩部各留11针收边。

4. 前片的织法，左右前片织法相同，以右前片为例，左边按照1-1-3收袖窿，分腋后织8行开前领，按照1-2-1，1-1-10减12针，最后肩部留11针平收。

5. 把前片和后片肩部缝合。

6. 袖片的织法，袖片起35针，两边按照4-1-9各加9针，接着两边腋下各平收6针后开始收袖山，在两边按照1-1-15各减15针，最后肩部留11针平收，袖片织好与衣身缝合好后沿袖口钩2行短针。

7. 门襟片的织法，白色毛线用6.0mm钩针沿左右门襟边分别钩5行短针。

8. 领片的织法，白色毛线沿领口用6.0mm钩针钩织4行短针。

9. 用白色毛线用6.0mm钩针沿门襟边钩6行短针，注意左边门襟留6个扣眼。

10. 白色毛线用6.0mm钩针沿下摆边钩4行短针。

11. 用咖啡色毛线6.0mm钩针沿门襟边、领边、下摆边以及袖口钩1行逆反短针，订上纽扣，衣服编织完成。

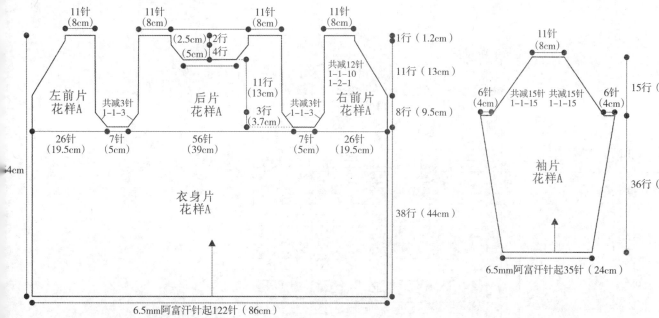

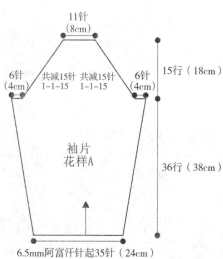

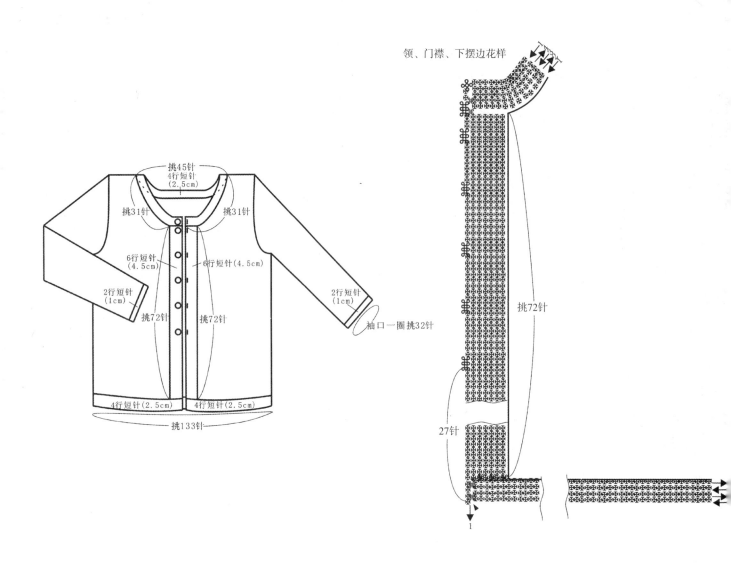

领、门襟、下摆边花样

挑45针
4行短针
(2.5cm)

挑31针　　挑31针

6行短针
(4.5cm)　　6行短针(4.5cm)

2行短针
(1cm)

挑72针　　挑72针

2行短针
(1cm)

袖口一圈挑32针

4行短针(2.5cm)　　4行短针(2.5cm)

挑133针

挑72针

27针

1

花样A

（3针2行为1花样，涂色部分为咖啡色毛线编织，其余为白色毛线）

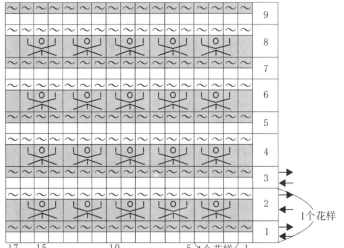

针法说明：

□ = ⊞ = 下针

〜 = 引退针

⋈ =3针并1针，在这1针内织
1下针，加1针，1下针

✠ = 锁针

✳ = 短针

► = 编织起点

► = 断线

▷ = 接线

→ = 编织方向

1个花样

17　15　　　10　　　5 1个花样 1

山花烂漫披肩

成品规格：长192cm，宽49cm
编织工具：7号、8号潮州钩针
编织材料：黛尔妃爱尔曼彩色段染线900g
编织要点：

1. 披肩由3种单元花组成，参考花1、花2、花3的单元花针法图，和结构中每个单元花的摆放位置进行拼花，将各个单元花固定位置，用渔网连接，连接的时候要注意平整，披肩的一个侧边随单元花的自然弧度作为披肩下摆，另一边用渔网填平作为披肩领口。
2. 沿披肩领口织3行花样B。

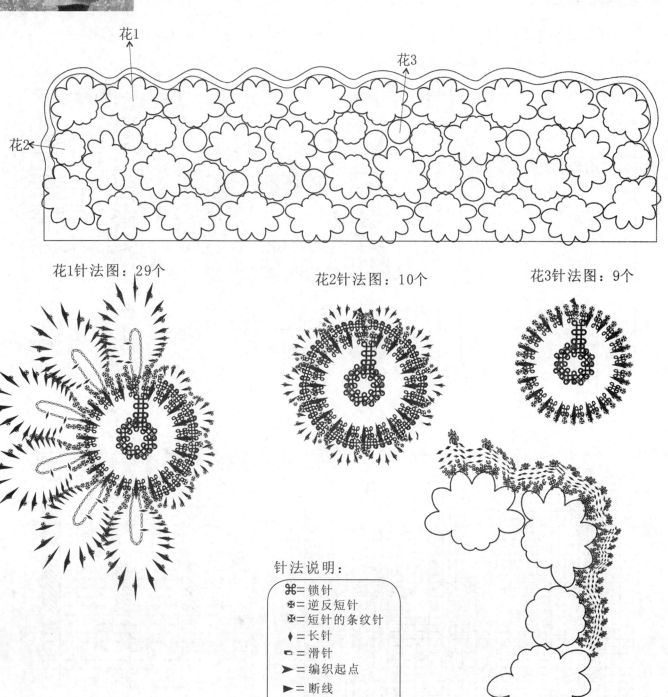

花1针法图：29个

花2针法图：10个

花3针法图：9个

针法说明：

⌘ = 锁针
✠ = 逆反短针
✠ = 短针的条纹针
♦ = 长针
▭ = 滑针
► = 编织起点
► = 断线
▷ = 接线
→ = 编织方向

花样B针法图

简单优雅

成品规格： 衣长84cm，胸围92cm，袖长39cm，背肩宽38cm

编织工具： 10号棒针

编织材料： 灰色中粗马海毛400g

编织密度： 花样编织、下针编织，23针×30行=10cm²

编织要点：

1. 此时尚插肩袖前后身片相同，均是从下摆起70针，先编织22行双罗纹，再依照结构图减针方法及花样编织图进行编织，编织完整后拼接前后侧缝。

2. 袖片是从袖口起48针，先编织6行双罗纹，再依照结构图及花样编织图进行编织，编织完整后与衣身片插肩处相拼接。

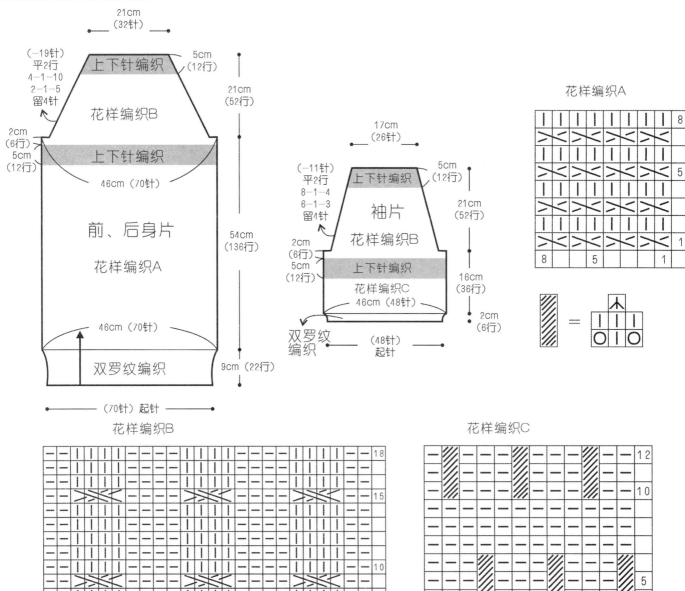

素洁

成品规格： 衣长91cm，胸围100cm，袖长60cm，背肩宽34cm

编织工具： 9号棒针

编织材料： 灰色段染粗毛线800g

编织密度： 花样编织A、B、C、下针编织，21针×28行=10cm²

编织要点：

1. 此时尚长袖套头衫前后身片为圈状编织，是从下摆起284针，依照结构图加减针方法及花样分割所示进行编织，编织完整后拼接前后肩线处。

2. 袖片是从袖口起75针，依照结构图所示进行编织，并安装在衣身片袖口处。

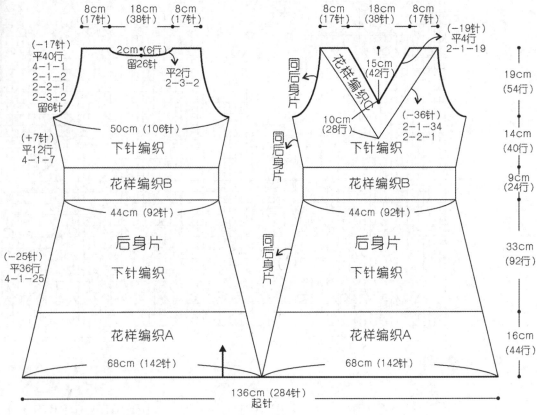

花样编织B

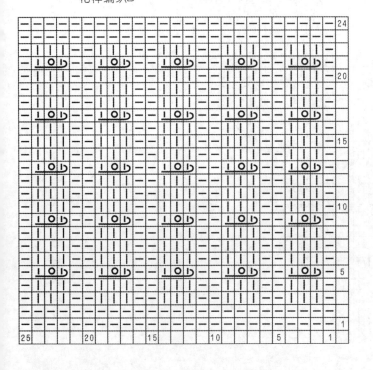

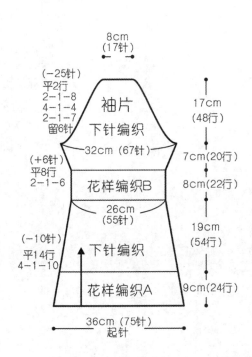

花样编织A

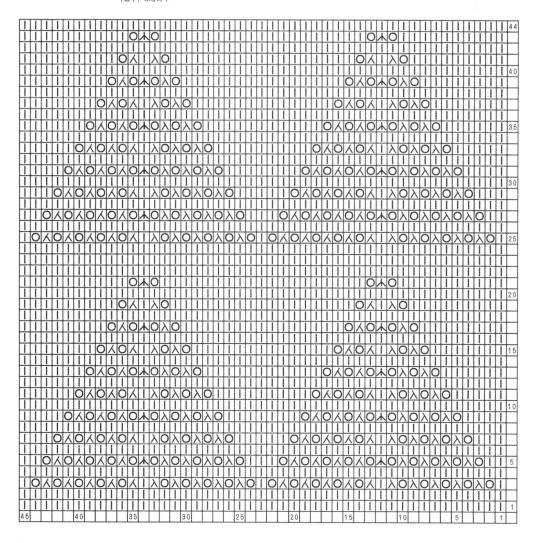

花样编织C

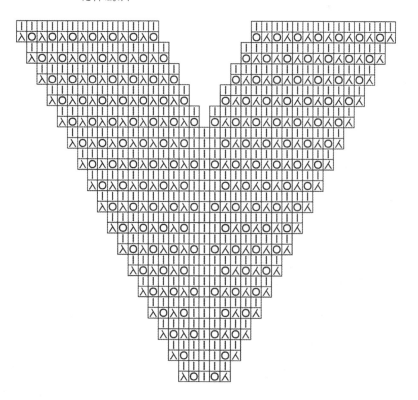

红日

成品规格： 衣长73cm，胸围92cm，袖长55cm，背肩宽38cm

编织工具： 6号棒针，5/0号钩针

编织材料： 红色竹棉线520g

编织密度： 花样编织A，26针×38行=10cm²；花样编织B，26针×60行=10cm²

编织要点：

1. 此时尚长袖套头衫前后身片为圈状编织，是从下摆起240针，依照结构图加减针方法及花样编织图进行编织，编织完整后拼接前后肩线处。

2. 袖片是从袖口起57针，依照结构图加减针方法及花样编织B进行编织，编织完整后安装在衣身片袖口处。

3. 最后在领口处挑针编织10行花样编织A。

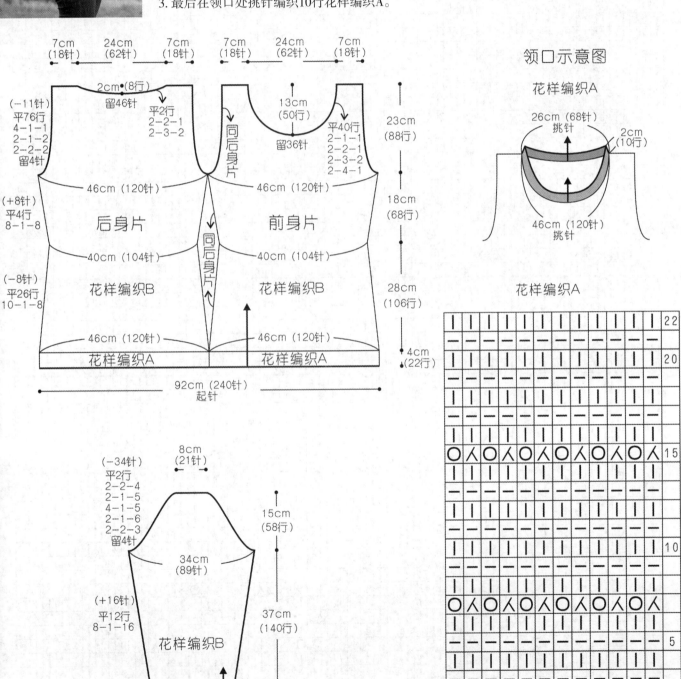

花样编织B

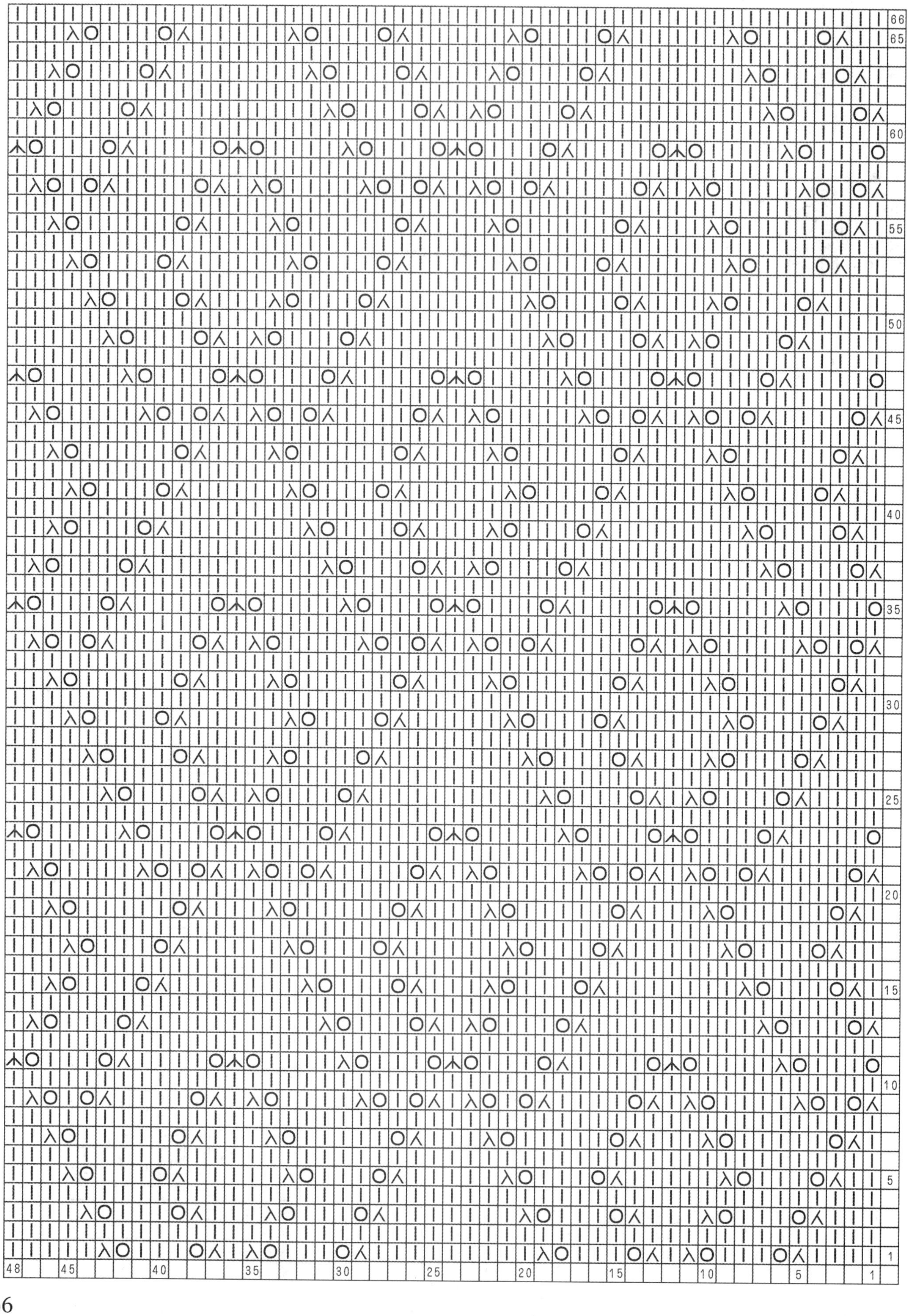

咖啡情调

成品规格： 衣长90cm，胸围98cm，袖长55cm，背肩宽38cm

编织工具： 7号棒针，6/0号钩针

编织材料： 褐红色段染中粗毛线920g

编织密度： 花样编织A、B、C，22针×32行=10cm²

编织要点：

1. 此时尚长裙前后裙片为圈状编织，是从下摆起288针，依照结构图减针方法及花样拼接所示进行编织，编织完整后拼接前后肩线。

2. 袖片是从袖口起44针，依照结构图所示进行编织，编织完整后安装在衣身片袖口处。

3. 最后在领口处挑针钩织相应缘编织及编织好饰花固定在右前胸上部。

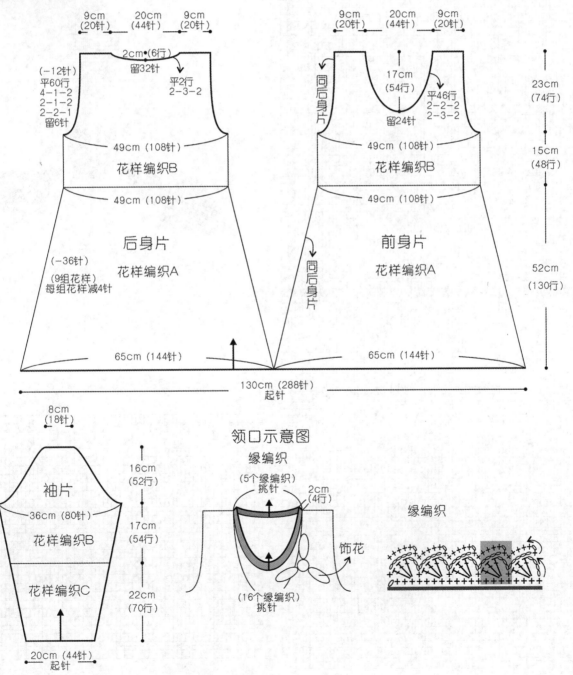

花样编织A

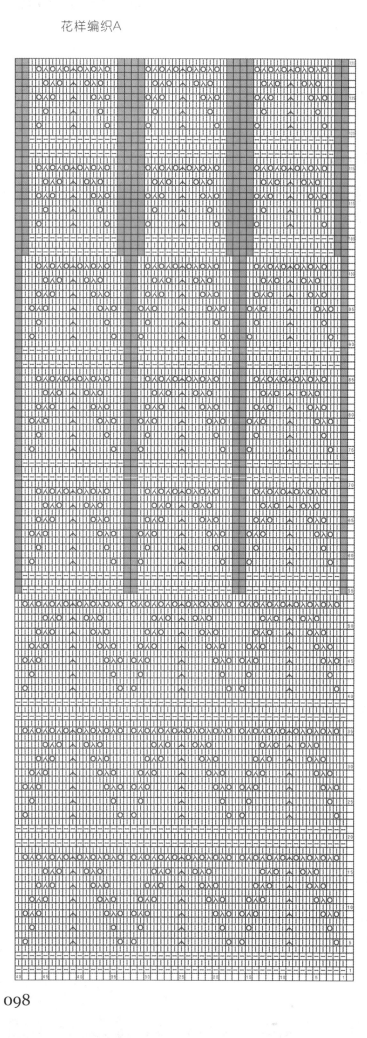

花样编织B

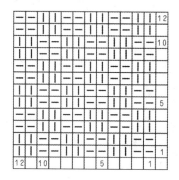

饰花

花样编织C

甜美披肩帽子

成品规格：衣长35cm，领口70cm，下摆170cm，帽口82cm，帽深20cm

编织工具：10号棒针，6/0号钩针

编织材料：粉色段染时装缎带460g

编织密度：花样编织A，15针×20行=10cm²

编织要点：

1. 此时尚披肩是从领口起105针，依照花样编织图进行圈状加针编织15组花样，共编织70行，编织完整后在领口处挑针编织25个缘编织A，及在下摆处挑针钩织41个缘编织B。

2. 帽片是从帽顶起6针，依照花样编织B进行编织，编织完整后在帽边缘处挑针钩织46个缘编织C。

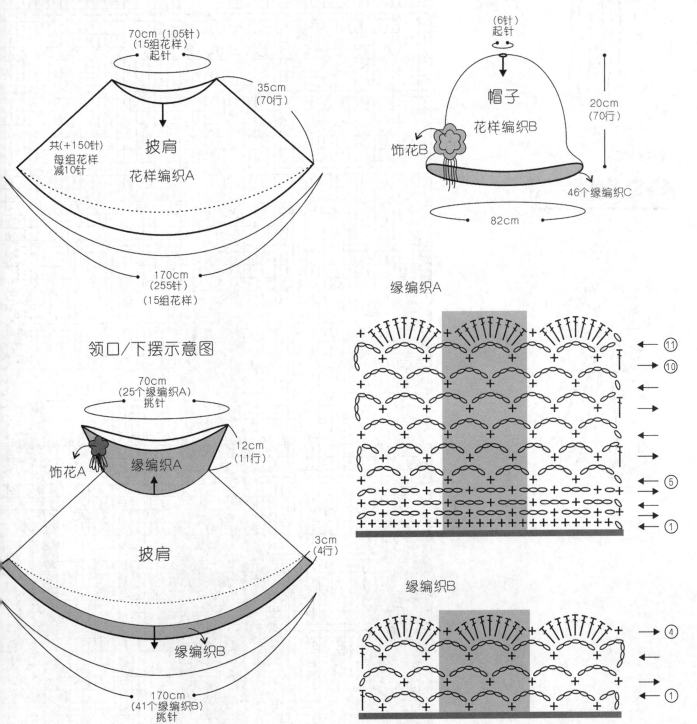

饰花B

缘编织C

饰花A

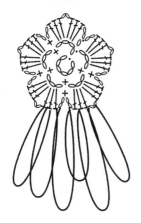

花样编织A

花样编织B

素雅——简单精致开衫

成品规格: 衣长54cm,胸围116cm,肩袖长52cm

编织工具: 8号棒针

编织材料: 蓝色长段染中粗毛线700g

编织密度: 花样编织A、B、上下针编织,20针×36行=10cm²

编织要点:

此时尚育克长袖衫是先从领口起132针,依照结构图及花样编织图所示进行编织,并在相应位置处留出袖口,再把左右前身片及后身片分别往下挑针,依照结构图所示进行编织,在袖口处依照袖片编织图圈状编织袖片。

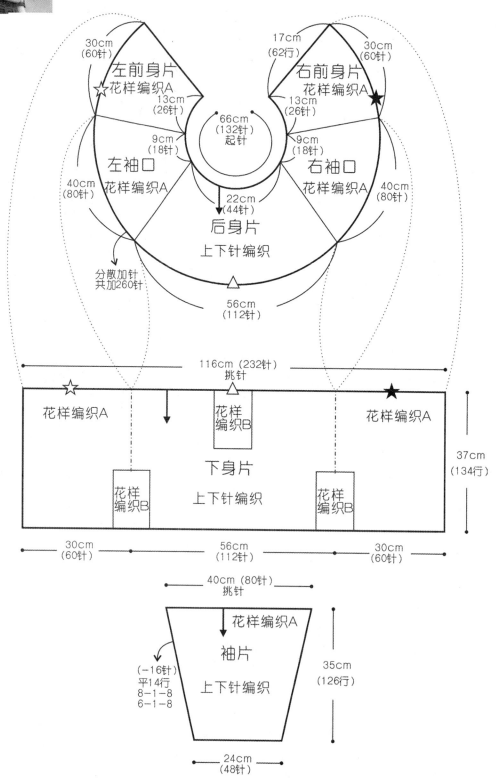

花样编织A

花样编织B

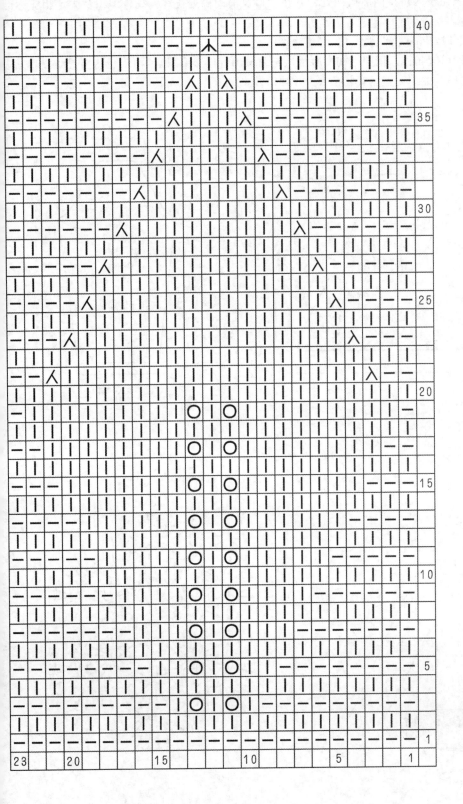

金秋

成品规格：衣长56cm，胸围90cm，袖长56cm，背肩宽34cm
编织工具：9号棒针，7/0号钩针
编织材料：褐色段染中粗毛线500g
编织密度：花样编织A、B，18针×26行=10cm²

编织要点：

1. 此时尚长袖套头衫是先编织上衣身片，是从下边起194针，依照结构图减针方法编织完整上衣身片，编织完整后拼接前后肩线处，并在领口及前门襟处挑针钩织缘编织及固定相应标记处。

2. 在上身片下边处圈状挑针编织42行花样编织A。

3. 袖片是从袖口起40针，依照结构图所示，先编织10行花样编织A，再依照结构图加减针方法编织花样编织B，编织完整后安装在衣身片袖口处。

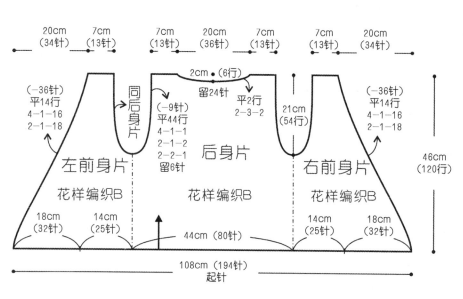

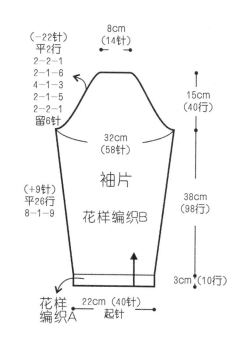

衣身片拼接示意图

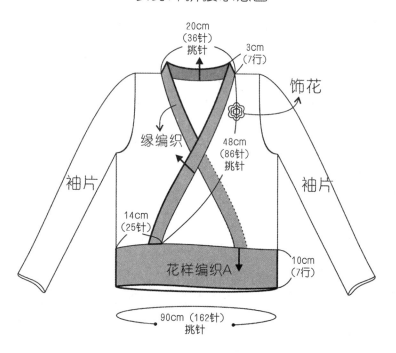

饰花

花样编织A

缘编织

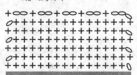

花样编织B

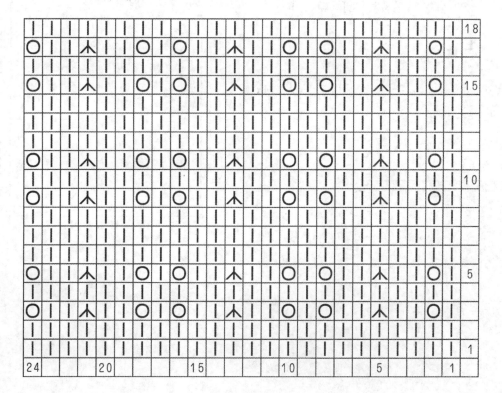

秋日私语（魔法一根针作品）

成品规格：衣长78cm，胸围100cm，肩宽48.5cm

编织工具：13号日本的魔法一根针

编织材料：蒂伊丝彩貂绒线250g

编织要点：

1. 衣服由前片和后片组成。

2. 前片的织法，13号日本魔法一根针起95针，织花样A，3针3行为1个花样，52行后开始收袖窿，第53行在两边各平收2针，继续往上不加减织18行后开始收前领，中间平收25针两边按照2-1-5各减5针，最后肩部剩28针平收。

3. 后片的织法，后片和前片的织法相同，起95针后织花样A，后片比前片多织3个花样，也就是后片织61行后收袖窿，第62行两边各收2针后，91针不加减织25行后收后领，后领中间平收33针，两边按照2-1-1各减1针，最后肩部剩28针平收。

4. 把前片和后片肩部缝合，前后片两侧缝合时，前片下部留出8个花样（25行），后片留出11个花样（34行）作为两侧开叉。

5. 沿领口，袖窿钩织3行花样B，下摆和两侧开叉钩织3行花样C。

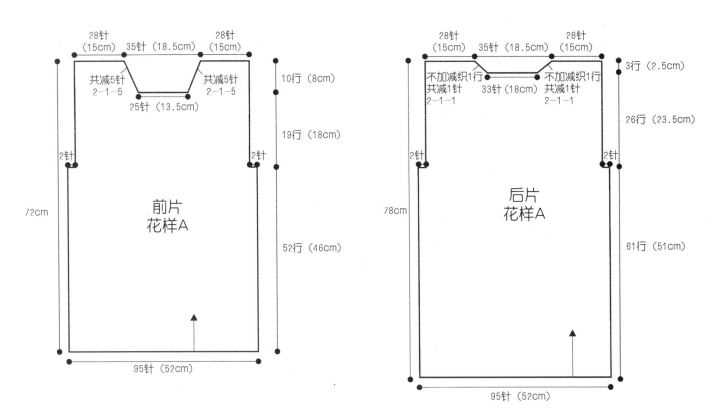

花样A（3针，3行1花样）

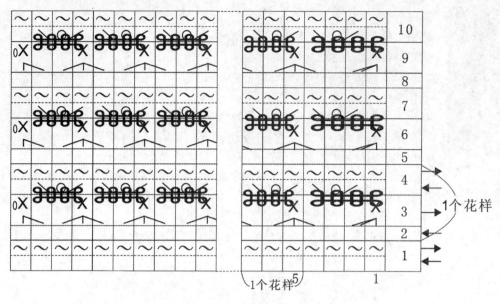

花样B

花样B

花样B

25行（8个花样）

25行（8个花样）

花样B

花样B

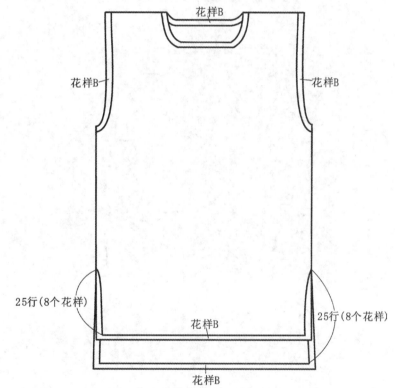

针法说明：

□ = ⊡ = 下针

〜 = 引退针

＼○／ = 束内1针正针、加1针、1针正针

X = 3针并1针短针编织

✠ = 短针

✠ = 锁针

✠ = 短针

✠ = 短针的条纹针

◻ = 滑针

➡ = 编织方向

花样B（4针1花样）

花样C（4针1花样）

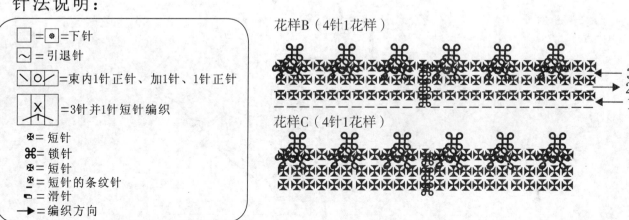

玫瑰披肩

成品规格： 长77cm，宽88cm
编织工具： 5号潮州钩针
编织材料： 段染毛线500g
编织密度： 30针×43行=10cm²
编织要点：

1. 披肩分为前片、后片和领片3部分组成。

2. 从领口往下，参照披肩花1、花2、花3针法图和结构图中各个花朵单元花的摆放位置进行逐行拼花，织每朵单元花的时候要注意与其他单元花边缘引拔连接在一起，单元花之间用渔网连接，连接的时候注意平整，下摆随单元花的自然弧度，上边领口用花4填补空位，使领口填平。

3. 在领口挑织2行7辫子渔网（24个），接着织9行5辫子渔网（48个），再织5行6辫子渔网（48个），最后织一行花边，具体见领口针法图。

4. 钩一条80cm左右的长辫子绳子，穿在领子适当位置。

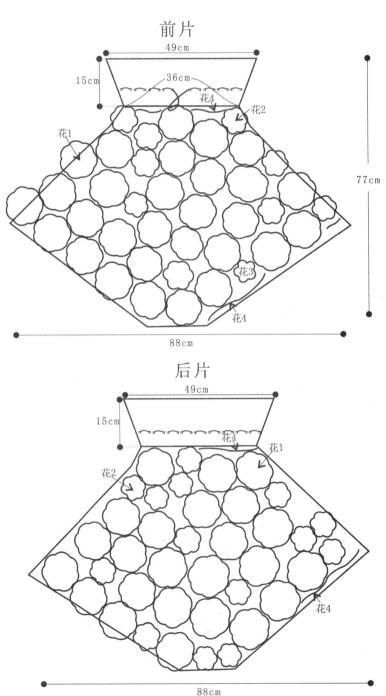

前片

后片

花1针法图：

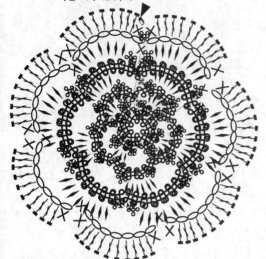

领口花样针法图：

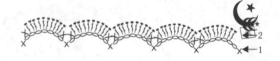

→17

→15

→10

→5
←4
←3
←2
←1

花2针法图：

花3针法图：

花4针法图：

←2
←1

针法说明：

- ✢ = 锁针
- ✠ = 短针
- ✠ = 逆反短针
- ✦ = 长针
- ▬ = 引拔针
- ➤ = 编织起点
- ▶ = 断线
- → = 编织方向

钩织结合桌布衣

成品规格：衣长87cm，胸围80cm，袖长33cm

编织工具：10号棒针、3号、5号、7号可乐钩针

编织材料：意大利长段染马海毛线3股织255g

编织密度：25针×30行=10cm²

编织要点：

1. 结构图，参照图1所示，桌布衣以花样A为中心圈织，共分为8等份，其中1、6份为袖口，7、8份为上身片，2~5份为下摆。其中边用钩针完成，其余均用棒针。

2. 花样A，参照图2，用钩针起6针，在6针中用棒针挑出16针，挑针方法如虚线位置。往上每2行加1针，加至每份为50针，第1、6份将50针用别线穿起，下一行时再加上50针，以此形成袖口，继续织至每份80针后棒针停针。

3. 身片花样B，参照图3，在花样A棒针停针处每3针并1针，钩出5锁针，分别用可乐3、5、7号钩针钩5锁针鱼网5行、5行、2行，继续织1行花边收针。

4. 袖片（两片），参照图1袖片，在袖口处挑100针，下针编织，每8行减2针减9次，织24cm。用钩针参照图4钩边。相同织另一片。

5. 单元花C，参照图5，6锁针起针后，按图解钩织单元花，钩织完成后缝合在花样A起针处。衣服完成。

图1：结构图

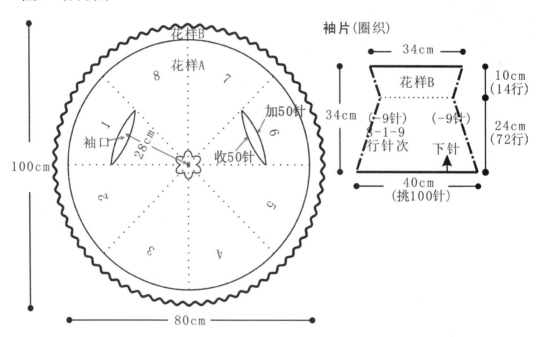

图2：花样A一份图解

(注：图解画至每份50针处，第1、6份50针用别线穿起待用，织下一行时再加出50针，以此形成袖口；往上继续织至每份为80针，可类推，图解不再画出)

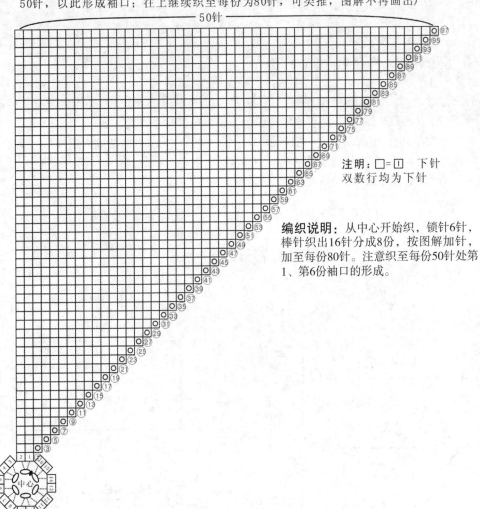

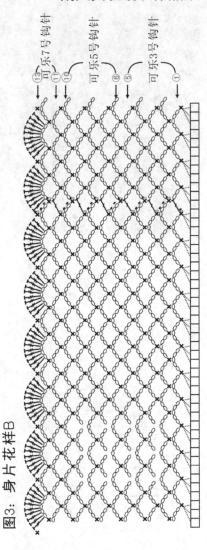

图3：身片花样B

注明：□=□ 下针
双数行均为下针

编织说明： 从中心开始织，锁针6针，棒针织出16针分成8份，按图解加针，加至每份80针。注意织至每份50针处第1、第6份袖口的形成。

图4：袖片花样B

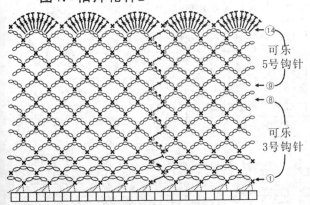

可乐5号钩针

可乐3号钩针

图5：单元花C图解

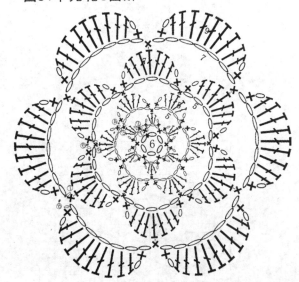

修身套头小衫

成品规格： 衣长56cm，胸围100cm，袖长49cm，背肩宽38cm

编织工具： 8号棒针

编织材料： 灰色中粗毛线560g

编织密度： 花样编织A、B，20针×26行=10cm²

编织要点：

1. 此时尚长袖套头衫前后身片为圈状编织，是从下摆起200针，先编织50行花样编织A，再依照结构图加减针方法及花样编织B进行编织，编织完整后拼接前后肩线。

2. 袖片是从下摆起80针，先编织62行花样编织B，再依照结构图减针方法编织花样A，编织完整后安装在衣身处。

3. 最后在领口处挑针编织8行花样编织A。

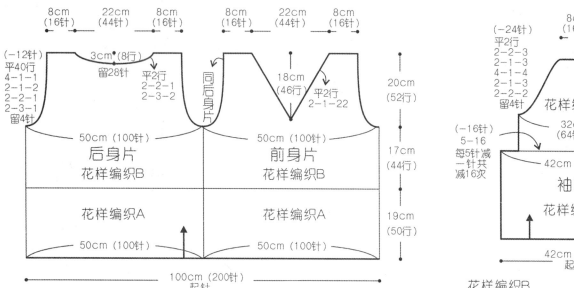

领口示意图

花样编织A

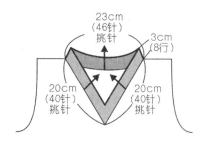

花样编织A

花样编织B

披肩背心

成品规格：衣长74cm，衣宽40cm
编织工具：7号棒针、4号钩针
编织材料：黛尔妃绝版爱尔曼段染毛线850g，5枚圆形纽扣
编织密度：26针×28行=10cm²
编织要点：

1. 结构图：参照图1，衣服为棒针主体一、钩针主体二缝合，然后钩织边缘而成。
2. 棒针主体一，主体一为一片长方形，做衣服两片前片与领。整体走向参照图1第1步、花样参照图2。①下针起针法，起65针，65针针数分配见图2，边上7针均为搓板针，中间51针编织菠萝花，织15cm。②门襟侧开扣眼，如图，开扣眼在搓板针处，每扣眼2针1行，间隔针数如图所示，织至40cm。③往上不加减针继续织至140cm后收针。
3. 钩针主体二，主体二为一正方形单元花，作为衣服后片。参照图1第2步及图3。单元花由4锁针起钩，呈正方形，特别注意第14行菠萝花9针锁针处，每组第2个锁针链钩至第7针时与前1组第2针引拔针相连接。
4. 缝合、边缘B，①参照图1第3步，将主体一、主体二对齐缝合。②在主体二一侧钩上花样B。
5. 下摆边缘，参照图4，在下摆挑针钩1行边缘C。
6. 收尾，均织完后，参照图1第3步，对应5处扣眼缝上5枚纽扣，衣服完成。

图1：结构图、编织顺序图
第1步：棒针主体一(领、两片前片)

第2步：钩针主体二单元花A(后片)

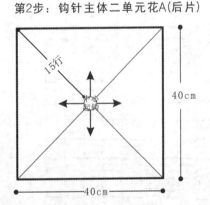

第3步：棒针与钩针相缝合、钩边缘

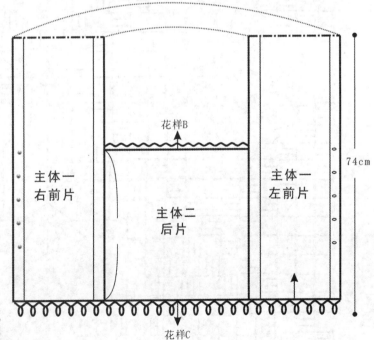

图4：下摆花样C图解

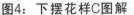
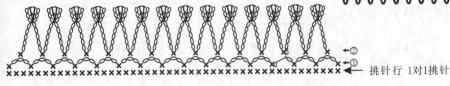

图2：主体1图解

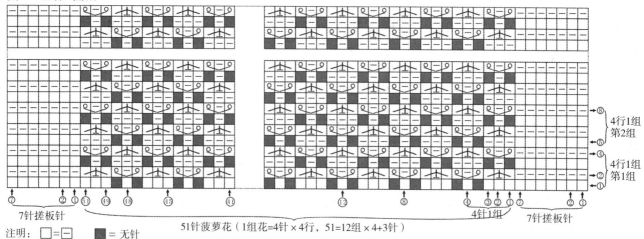

→⑧
4行1组
第2组
→④
→④
4行1组
→② 第1组
→①

⑦   ② ⑤1 ⑩ ⑱   ⑮   ⑪   ⑫   ⑧   ⑪ ⑬ ⑫ ⑨ ⑦   ② ② ①

7针搓板针

51针菠萝花（1组花=4针×4行，51=12组×4+3针）

4针1组

7针搓板针

注明：☐=⊟   ■ = 无针

图3：单元花A图解(由4锁针起钩，共15行。注意第14行菠萝花锁针处，中心用引拔针相连)、花样B边缘图解
说明：图中圈中数字表示行数、不带圈数字表示锁针数、灰色针法是每行起始结尾位置。

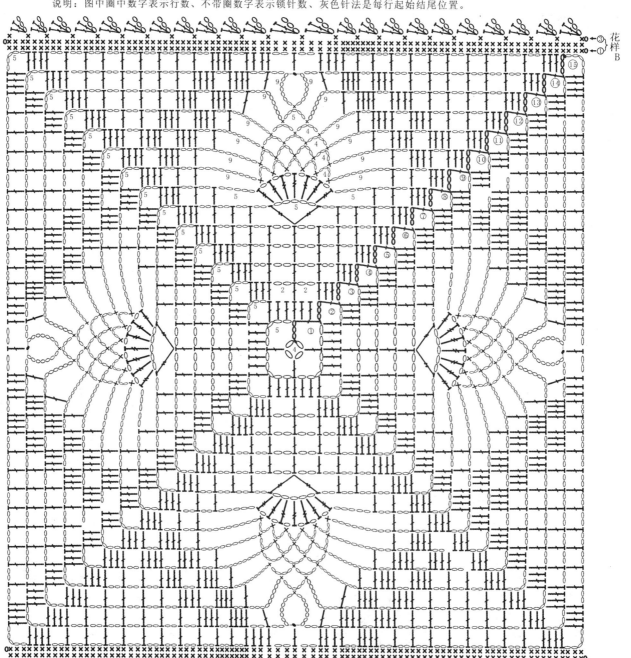

花样B

114

秋色七分袖

成品规格： 衣长66cm，胸围88cm，袖长42cm，背肩宽34cm

编织工具： 5号棒针，5/0号钩针

编织材料： 果绿色棉线500g

编织密度： 25针×35行=10cm²

编织要点：

1. 此时尚长袖套头衫前后身片均是从下摆起126针，依照结构图加减针方法编织花样，编织完整后缝合前后侧缝及肩线处。

2. 袖片是从袖口起86针，依照结构图减针方法编织花样，编织完整后安装在衣身片袖口处。

3. 在领口处挑针钩织14行下针，最后钩织12个小饰花，并缝合固定在衣身片相应位置处。

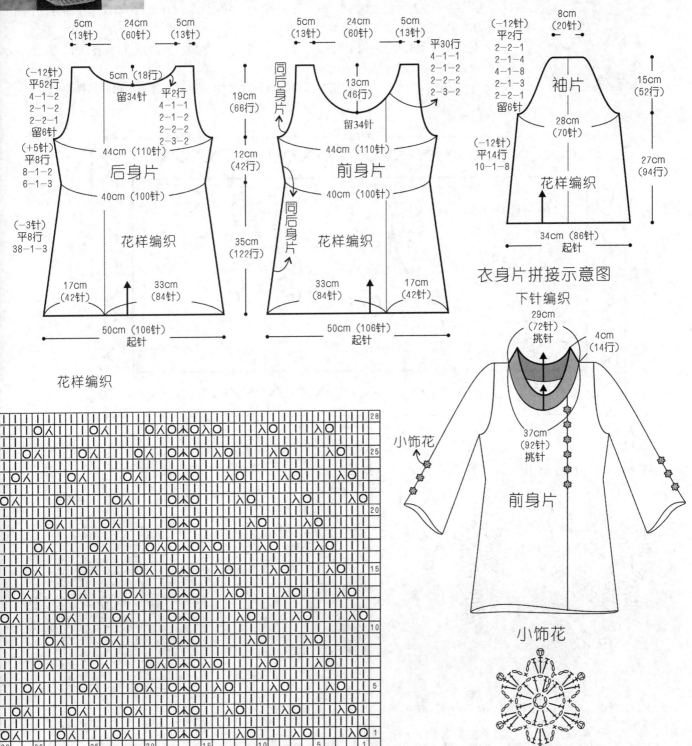

后身片结构图：

5cm（13针）　24cm（60针）　5cm（13针）

（−12针）平52行　4-1-2　2-1-2　2-2-1　留6针

5cm（18行）　留34针　平2行　4-1-1　2-1-2　2-2-2　2-3-2

（+5针）平8行　8-1-2　6-1-3

44cm（110针）

后身片　花样编织

40cm（100针）

（−3针）平8行　38-1-3

19cm（66行）　12cm（42行）　35cm（122行）

17cm（42针）　33cm（84针）

50cm（106针）起针

前身片结构图：

5cm（13针）　24cm（60针）　5cm（13针）

同后身片

平30行　4-1-1　2-1-2　2-2-2　2-3-2

13cm（46行）　留34针

44cm（110针）

前身片　花样编织

40cm（100针）

同后身片

33cm（84针）　17cm（42针）

50cm（106针）起针

袖片结构图：

8cm（20针）

（−12针）平2行　2-1-1　2-1-4　2-1-2　4-1-8　2-1-3　2-2-1　留6针

15cm（52行）

袖片　28cm（70针）

（−12针）平14行　10-1-8

花样编织

27cm（94行）

34cm（86针）起针

衣身片拼接示意图

下针编织

29cm（72针）挑针　4cm（14行）

37cm（92针）挑针

前身片

小饰花

花样编织

小饰花

多彩蝶恋花披肩

成品规格： 披肩长172cm，披肩宽82cm

编织工具： 4号潮州钩针

编织材料： 彩色长段染线300g、绿色羊绒线150g

编织要点：

1. 结构图，参照图1，披肩由机织主体一起始、然后在主体一处钩菠萝花边缘，继续钩织相应单元花并缝合在披肩相应位置。注意主体一可手织也可机织，可自行选择。

2. 主体一，参照图1，图解为机织尺寸，可根据自己需要通过图解尺寸进行手编。

3. 菠萝花边缘，参照图2，①挑针，在披肩上用短针挑针，每24针为1组，横向每侧19组，纵向每侧7组，即挑1248针，每转角挑22针，4转角共88针；共挑1336针。②开始织菠萝花，如图1~6行为圈织，往上另起线钩织，如图每份钩5行，第6行返回开始钩第2枚，相同方法织完所有菠萝花。具体钩织方法如图所示。

4. 单元花，参照图3，分别钩单元花A、B、C、D、E，钩织枚数除1枚单元花D外，其他均为2枚。钩织方法均参照图解及说明。

5. 收尾，将钩织完的单元花，根据自己喜好缝合在主体一相应位置，也可参考图1。

图1：结构图（机织边缘共挑1336针短针）

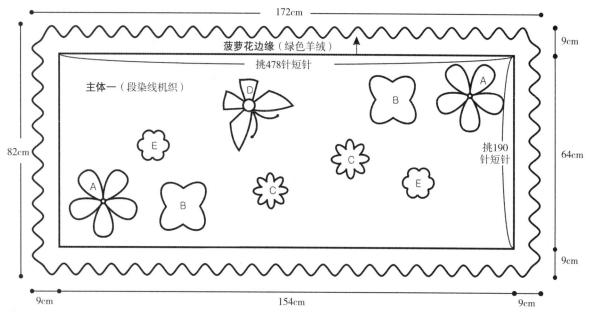

单元花C

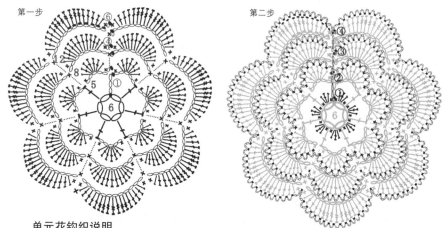

单元花E

注明：图解为第一步图，第二步钩织方法同单元花C，不再画出

单元花钩织说明

　　第一步： 绿色羊绒线钩织，由6锁针起针，共三层花，每层为7花瓣。第1、3、5行锁针数分别为5针、8针、12针。第2行、4行、6行每枚花瓣中短针、长针、长长针组合分别为6针、13针、17针。

　　第二步： 段染线钩织，落角点分别在第一步起针、2行、4行、6行，起针处为锁针、中长针、长针组合；3锁针连至第4行，在第4行每针之间钩3锁针鱼网，具体如图所示。

116

单元花A
说明：
单元花A共5等份，每份为17行，第1份钩完备用，钩第2份最后1行时与前1枚相连接，连接方法为虚线位置短针相连。

单元花B

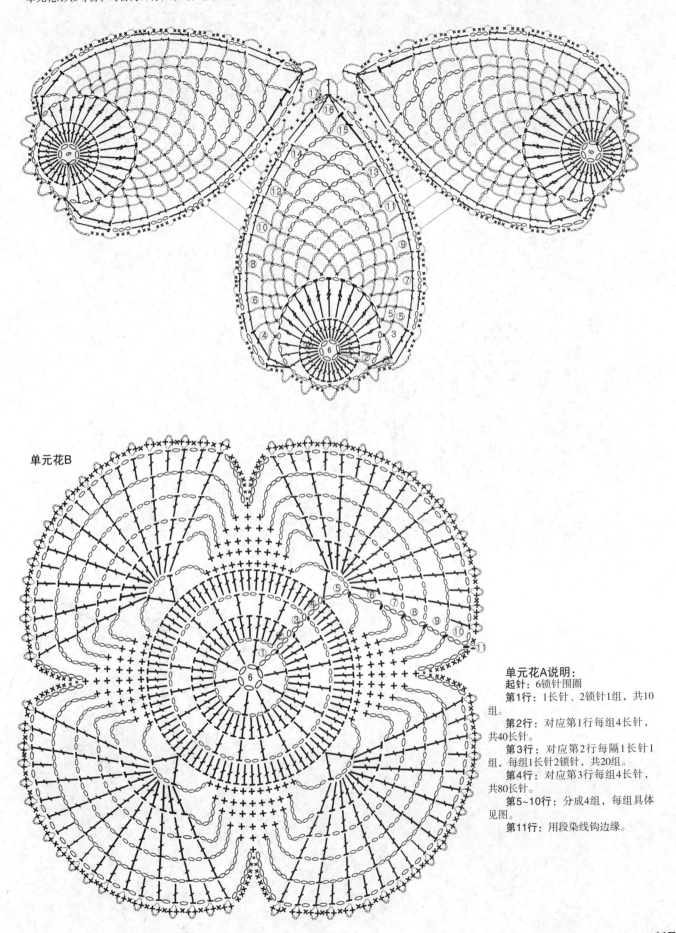

单元花A说明：
起针：6锁针围圈
第1行：1长针、2锁针1组，共10组。
第2行：对应第1行每组4长针，共40长针。
第3行：对应第2行每隔1长针1组，每组1长针2锁针，共20组。
第4行：对应第3行每组4长针，共80长针。
第5~10行：分成4组，每组具体见图。
第11行：用段染线钩边缘。

图2：边缘花花样图解

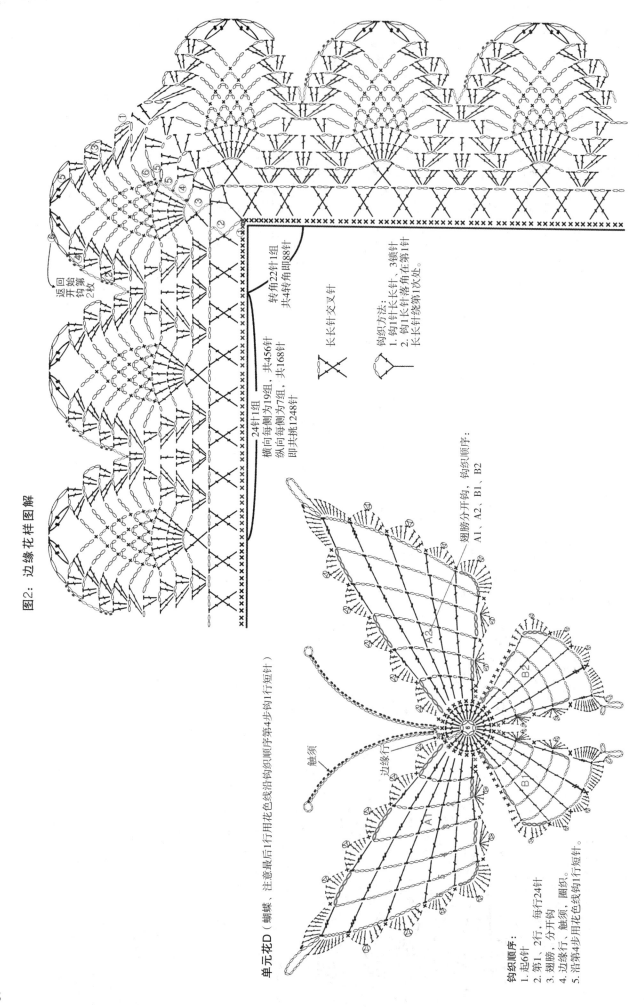

横向每侧为19组，共456针
纵向每侧为7组，共168针
即共挑1248针

转角22针1组
共4转角即88针

24针1组

返回开始钩第2枚

长长针交叉针

钩织方法：
1. 钩1针长长针，3锁针
2. 钩1长长针落角在第1针
   长长针绕身第1次处。

单元花D（蝴蝶，注意最后1行用花色线沿钩钩织顺序第4步钩1行短针）

触须

A2

A1

B1

B2

边缘行

翅膀分开钩，钩织顺序：
A1、A2、B1、B2

钩织顺序：
1. 起6针
2. 第1、2行，每行24针
3. 翅膀，分开钩
4. 边缘行，触须，圈织
5. 沿第4步用花色线钩1行短针。

118

多彩披肩和帽子

成品规格：披肩长162cm，披肩宽57cm

编织工具：4号、5号潮州钩针

编织材料：段染线400g、灰色幼羊绒线200g

编织密度：单元花A＝15cm×15cm；单元花B＝4.5cm×4.5cm

编织要点：

1. 结构图，参照图1，披肩由单元花A、B、C连接，然后边缘钩3行比利时花边而成。其中单元花均用5号钩针及段染线钩织，比利时花边用4号钩针及灰羊绒线钩织。

2. 单元花A，共30枚单元花相连接，连接顺序可参考图1。参照图2钩第1枚单元花A，单元花A6锁针起针后，钩10行后断线，钩织针法见图。钩第2枚单元花最后1行时，按图3单元花A连接方法进行连接，往下以此类推。钩30枚单元花并相连接。

3. 单元花B、C，单元花B、C起补角作用，参照图3连接方法，边钩边与单元花A相连接，从图1可知，两种单元花各为18枚。

4. 比利时花边，参照图3及两处细节图进行钩织，钩3行后断线。注意每短针落角处及转角加针位置。

5. 帽子，用5号钩针并参照帽子相关图解钩织。

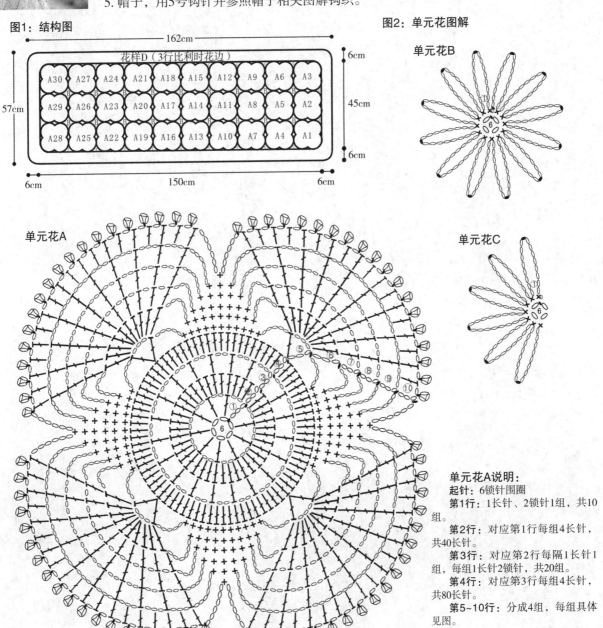

图1：结构图

162cm

花样D（3行比利时花边）

A30	A27	A24	A21	A18	A15	A12	A9	A6	A3
A29	A26	A23	A20	A17	A14	A11	A8	A5	A2
A28	A25	A22	A19	A16	A13	A10	A7	A4	A1

57cm

6cm

45cm

6cm

6cm

150cm

6cm

图2：单元花图解

单元花B

单元花A

单元花C

单元花A说明：

起针：6锁针围圈

第1行：1长针、2锁针1组，共10组。

第2行：对应第1行每组4长针，共40长针。

第3行：对应第2行每隔1长针1组，每组1长针2锁针，共20组。

第4行：对应第3行每组4长针，共80长针。

第5~10行：分成4组，每组具体见图。

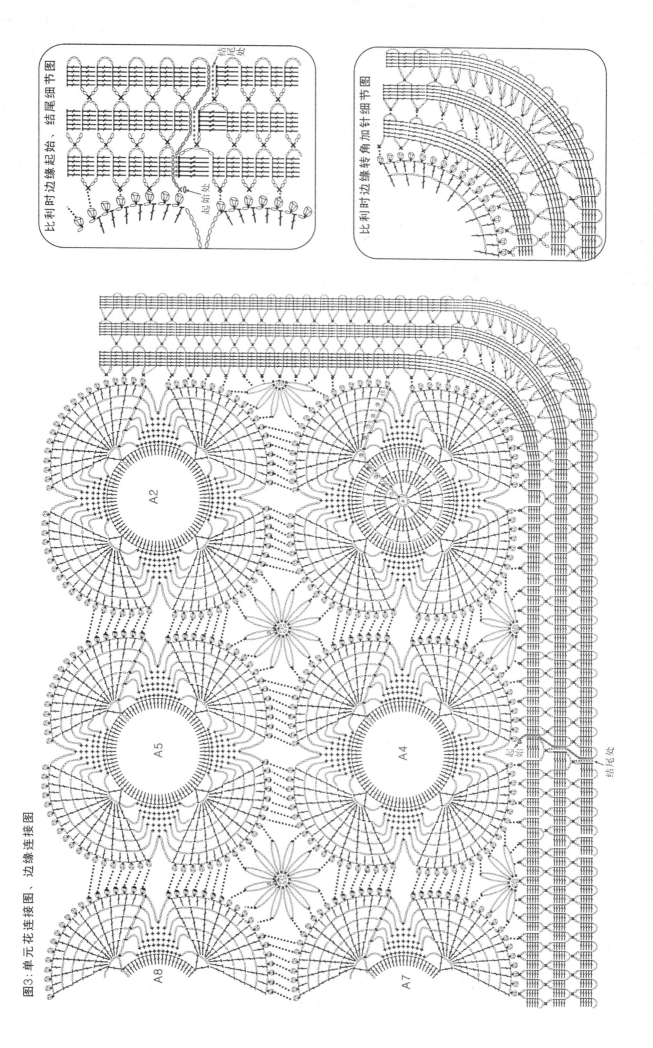

比利时边缘起始、结尾细节图

结尾处

起始处

比利时边缘转角加针细节图

图3：单元花连接图、边缘连接图

A2

A5

A4

A8

A7

起始处

结尾处

帽子制作方法：

1. 参照帽子结构图，帽子由主体及单元花钩织而成。
2. 帽子主体，用5号钩针，段染线，按照帽子主体图及主体说明钩织，注意第1~15行加针方法。第42行用灰色羊绒线钩边。
3. 帽子单元花，参照单元花钩织说明钩织，钩织完成后缝合在帽子主体相应位置，帽子完成。

帽子主体图解

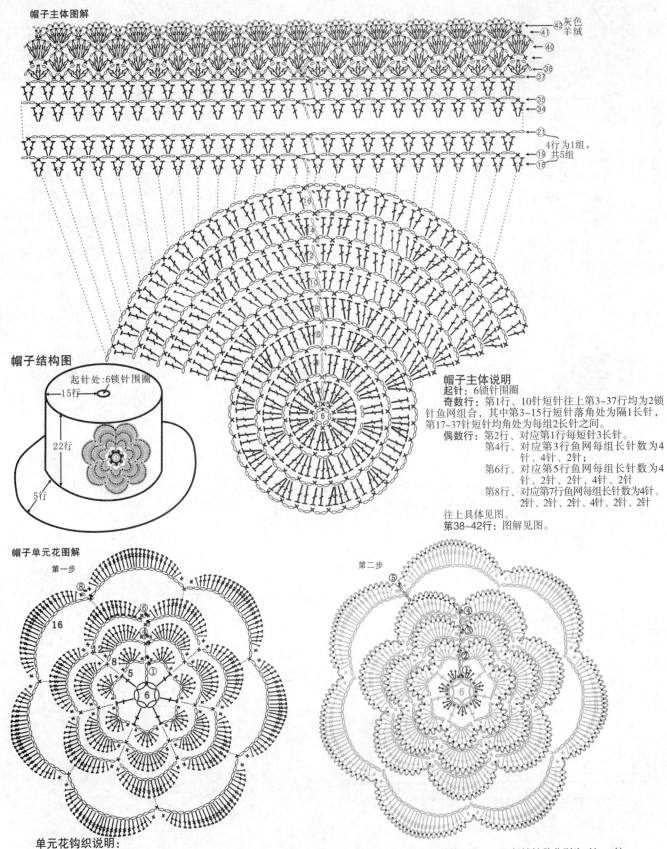

灰色
羊绒

4行为1组，
共5组

帽子结构图

起针处:6锁针围圈

15行
22行
5行

帽子主体说明

起针：6锁针围圈

奇数行：第1行，10针短针往上第3~37行均为2锁针鱼网组合，其中第3~15行短针落处为隔1长针，第17~37针短针均角处为每组2长针之间。

偶数行：第2行，对应第1行每短针3长针。
第4行，对应第3行鱼网每组长针数为4针、4针、4针。
第6行，对应第5行鱼网每组长针数为4针、2针、2针、4针、2针。
第8行，对应第7行鱼网每组长针数为4针、2针、2针、2针、4针、2针、2针。

往上具体见图。

第38~42行：图解见图。

帽子单元花图解

第一步

16

第二步

单元花钩织说明：

　　第一步：灰色羊绒线钩织，由6锁针起针，共四层花，每层为7花瓣，注意第4层花起始位置。第1、3、5、7行锁针数分别为5针、8针、12针、16针。第2、4、6、8行每枚花瓣中长针、长针、长长针组合分别为6针、13针、17针、25针。

　　第二步：用段染线钩织，落角点分别在第一步起针、2、4、6、8行，起针处为锁针、中长针、长针组合；3锁针连至第4行，在第4行每针之间钩3锁针鱼网，具体如图所示。

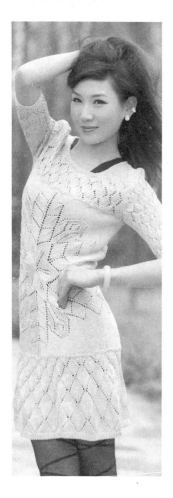

秋叶翩翩

成品规格：衣长89cm，胸围80cm，袖长40cm

编织工具：11号、12号棒针

编织材料：丝带2股织800g

编织密度：26针×36行=10cm²

编织要点：

1. 结构图，参照图1可知，衣服由圆形单元花A织完后进行补角，然后织前、后领及下摆、片而成。其中领口、袖口用12号棒针编织，其他均用11号棒针编织。

2. 单元花A、补角，①参照图2，用手指绕2圈，织出6针，而后按花心加针织2行。②如针法图逐渐加针，织至74行后形成圆形，单元花A完成。③补角，如图，灰色块为补角区域，共块，补角为引退针编织，编织方法如图。④相同方法织另一片并两片相缝合。

3. 前、后片，①参照图3，圈织210针，织4行后分前后片，两侧各留10针。②后片，如图，袖窿两侧每2行减1针减5次，然后平织至56行后开后领，后领中心留41针，两侧减针如图。③前片，袖窿减针同后片，织至32行后开前领，前领中心留41针，分两边编织，编织方法如图。④前后片肩部相缝合。

4. 下摆花样B，参照图4，为圈织，挑针织210针，第1行每5针加1针，加至252针，织4行搓板针后织3组树叶花，每组花针数逐渐加针，针数分别为252针、294针、336针。织完树叶花继续织8行搓板针后收针。

5. 袖片（2片），参照图5，袖下圈织。①用12号棒针，起50针，搓板针织6行后，每5针加1针，加至60针，继续织2行搓板针。②用11号棒针花样B编织，织至72行。③织袖山，中心平收1针，两侧减针方法如图，织46行后收针。④相同方法织另一片，织完后与身片袖窿相缝合。

6. 衣领，用12号棒针，参照图3，领12号棒针挑针图，共挑148针后织8行搓板针后收针。衣服完成。

图1：结构图

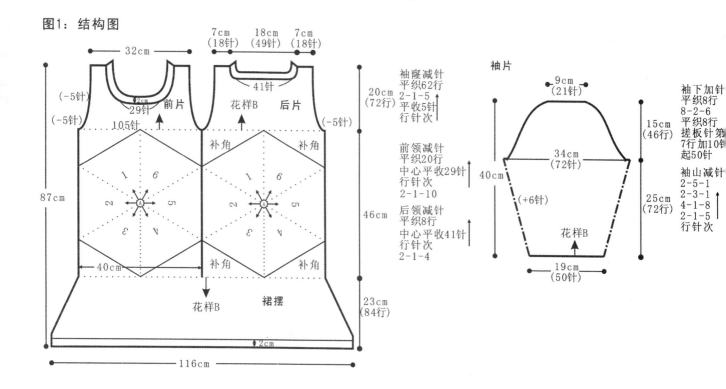

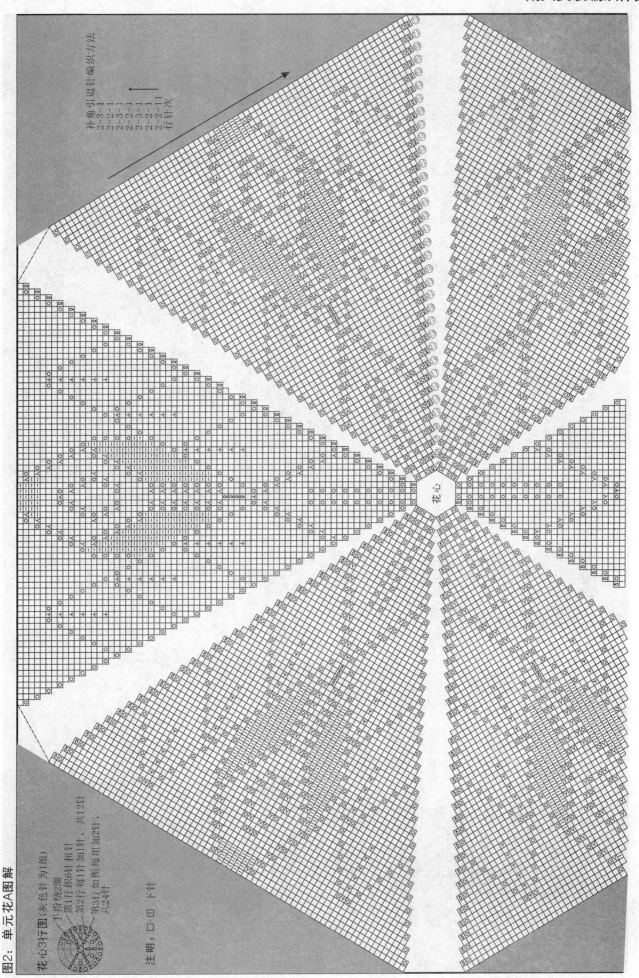

图2：单元花A图解

花心3行图（灰色8针为1组）

手指绕线圈
第1行 织6针扭针
第2行 每1针加1针，共12针
第3行如图每组加2针，
共24针

注明：口=口 下针

补角引退针编织方法
2-3-1
2-3-1
2-2-1
2-3-1
2-3-1
2-2-1
2-2-1
2-2-11
行 针 次

花心

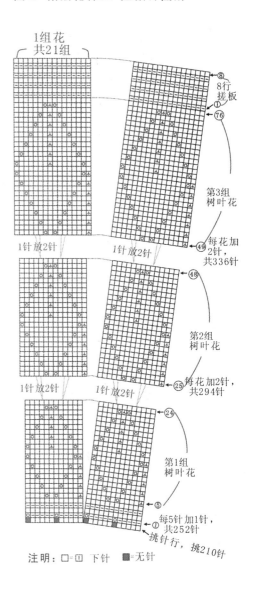

图4：裙摆花样B、搓板针图解

1组花
共21组

8行搓板

→76

第3组
树叶花

每花加
2针，
共336针
←49

1针放2针   1针放2针

←48

第2组
树叶花

每花加2针，
共294针
←25

1针放2针   1针放2针

←24

第1组
树叶花

每5针加1针，
共252针
挑针行，挑210针

注明：□=回 下针 ■=无针

图3：前后片分袖后花样B整体图、领部共挑148针织8行搓板针

后片

中心
4针

2-1-4
行针次

前片

中心
2-9针

2-1-10
行针次

领12号棒针挑针图

8行搓板

65针   83针

2-1-5
行针次
5针

花样C（搓板针）

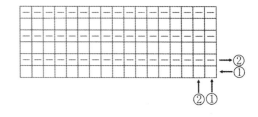

②①
②①

图5：袖片花样B图解

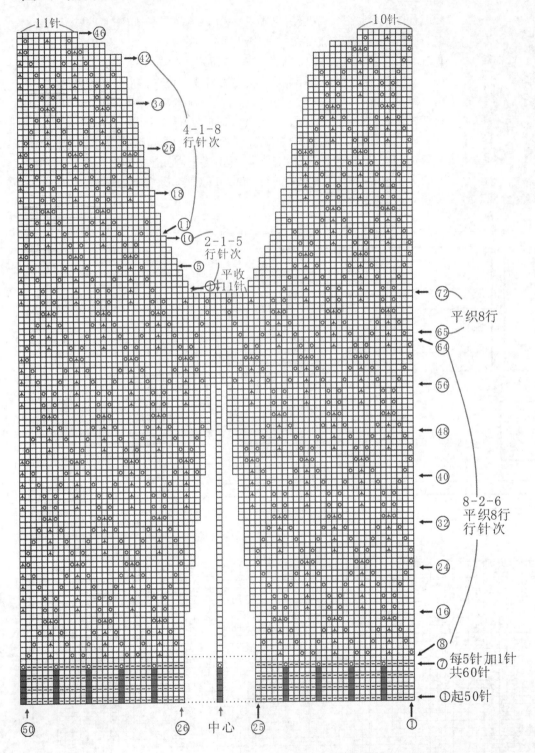

秋香绿流苏披肩衣

成品规格：衣长84cm，胸围100cm

编织工具：7号棒针、8号潮州钩针

编织材料：绿色羊驼小圈圈线550g

编织密度：19针×28行=10cm²

编织要点：

1. 结构图，参照图1，衣服由主体一、主体二编织后，钩织单元花B、C并缝合在主体相应位置上，而后进行相应装饰而成。编织顺序可参考图1。

2. 主体一、二，参照图1、图2，花样A编织，纵向每8行为一个花，①棒针起72针，开始结尾各8针，主体一织14个花样后，另起72针织主体二，主体二织纵向织6个花。②织完后主体一、二合起来织17个花样。③主体一、二分开编织，主体一织14个花样后收针，主体二织6个花样后收针。④两者均织完后，主体二对折分开织6个花样处相缝合，形成袖子。

3. 袖口，参照图1、图2双罗纹图解，挑68针，织14行双罗纹后收针。相同方法织另一只。

4. 单元花B、C，取参照图3钩织2枚单元花B及1枚单元花C。钩织完成后参照图1缝合在相应位置。

5. 流苏，裁参照图1流苏位置，每一侧20组流苏。系流苏方法为取12cm线段用钩针挑织在相应位置。

图1：结构图

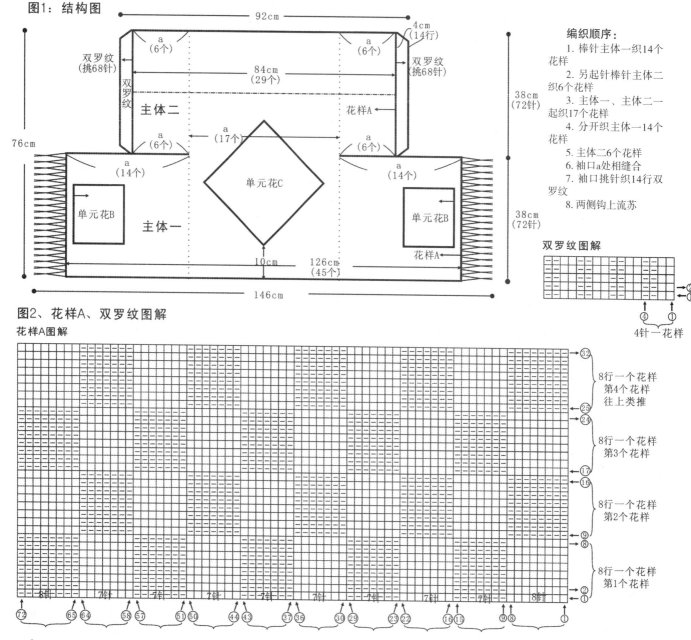

编织顺序：
1. 棒针主体一织14个花样
2. 另起针棒针主体二织6个花样
3. 主体一、主体二一起织17个花样
4. 分开织主体一14个花样
5. 主体二6个花样
6. 袖口a处相缝合
7. 袖口挑针织14行双罗纹
8. 两侧钩上流苏

双罗纹图解

图2、花样A、双罗纹图解

花样A图解

图3、单元花B、C图解

单元花B

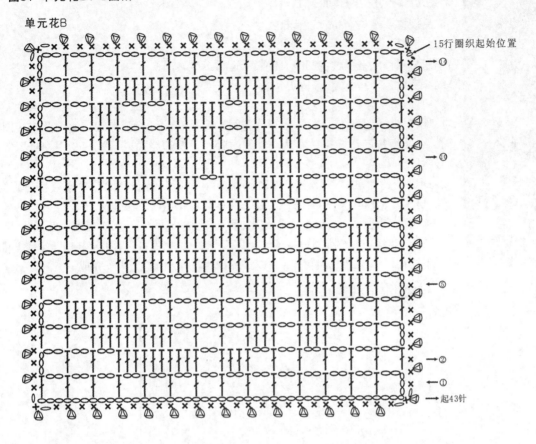

15行圈织起始位置

→⑦

←③

←⑤

→②

←①

→起43针

单元花C

螺旋花披肩+裙子

成品规格： 裙长74cm，腰围60cm

编织工具： 13号棒针、4号潮州钩针

编织材料： 段染锻丝线250g、松紧带适量

编织密度： 162针螺旋花每边6cm

编织要点：

1. 结构图，参照图1，裙子为螺旋花裙，螺旋花编织参照螺旋花编织及连接图解。参照图2，衣服共6行螺旋花连接，然后在编织裙腰及下摆边缘而成。螺旋花用13号棒针，下摆边缘用4号钩针。

2. 螺旋花，如图2，螺旋花编织顺序，第1～6行每枚花起始针数递减，分别为：162针、156针、150针、144针、138针、132针，并按螺旋花连接方法连接。

3. 裙腰，参照图3，按挑针说明及挑针明细图挑507针，然后按减针说明及减针针法图减至351针，织12行，继续按图解编织13～36行，织完后收针，然后将松紧带穿与13～26行之间并相缝合。

4. 下摆花样A，参照图4花样A，1对1挑针后花样A钩织。裙子完成。

图1：结构图

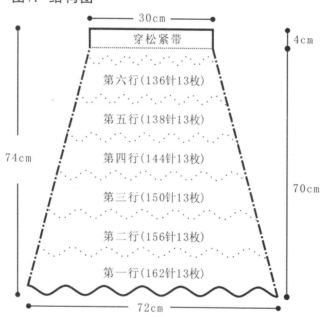

图2：螺旋花一片摆放平面图

(数字为每花起始针数,每行13枚花)

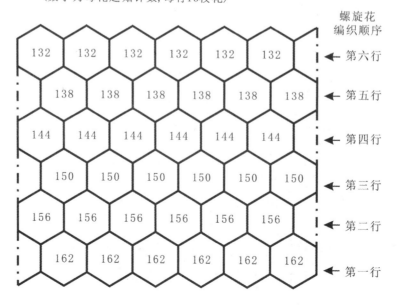

128

图3：裙腰挑针明细图、领口减针针法图

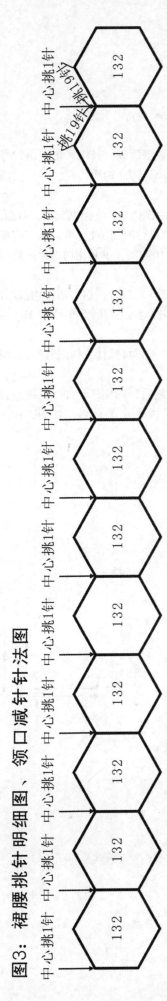

挑针说明：领口每边挑19针，共24边494针；如图两花中心挑1针共13针，即共挑507针。

减针说明：如针法图，每2行中心3并1共6次，即减去156针，减至351针。

裙腰减针针法图

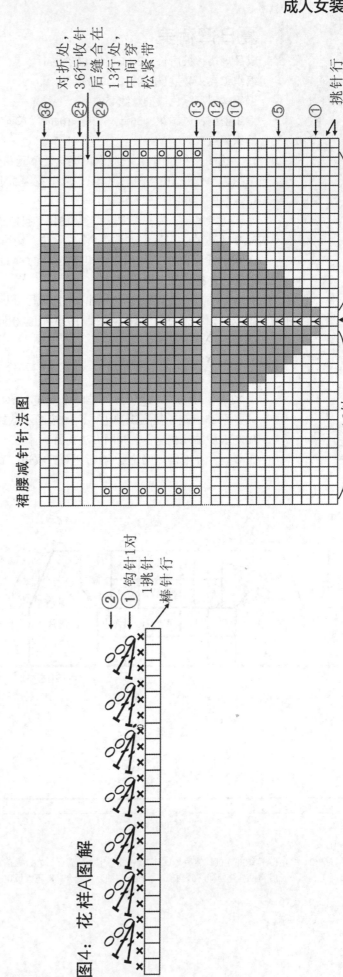

③⑥ 对折处
②⑤ 36行收针
②④ 后36行缝合在 24行收合在 13行穿 中间穿 松紧带
⑬ ⑫ ⑪ ⑤ ① 挑针行

18针　19针　中心1针

注明：□=□　■=无针

图4：花样A图解

②钩针1对
①挑针
1挑针
棒针行

129

夏日薄荷美

成品规格：披肩长172cm，披肩宽82cm

编织工具：4号可乐钩针，13号棒针

编织材料：绿色段染丝线450g

编织密度：凤尾花，36针×42行=10cm²　单元花，8cm×8cm=10cm²

编织要点：

1. 结构图，参照图1，衣服由凤尾花及单元花A棒针、钩针编织而成，其中凤尾花由13号棒针编织，单元花A用4号钩针钩织，凤尾花编织下摆与前、后片，钩针钩织后片、袖片、门襟领口。顺序参照图1。

2. 下摆凤尾花，为一长方形。参照图2，起132针，不加减针织132cm、46组共552行凤尾花。

3. 单元花A，参照图3，钩第1枚单元花，钩第2枚单元花最后1行时与前1枚单元花相连接，连接顺序可参照图1，用引拔针相连接。注意A11~A14与A1~A10连接。单元花均连接好后与下摆凤尾相连接，注意中心对齐。

4. 左、右前片，以左前片为例。下摆凤尾处挑72针，不加减针织72行，然后两边均按图1结构图减针，织72行后收针，收针后为34针。相同方法织右前片。织完与后片单元花相连接并肩部相连接。

5. 门襟、领口，参照图1两侧所标a、b段，挑针方法参照图5，1对1挑针，钩织5锁针鱼网27行后收针。

6. 袖片（2片）：参照图1、图4，锁针起80针，钩织20组鱼网后，两侧逐渐加针，织至13行后共加至23组花，往上织袖山，两侧按图示减针，钩至33行后收针。具体钩织如图，钩织完成后与衣服袖窿相缝合。相同方法钩另一片。

7. 收尾，在下摆凤尾花处钩1行逆短针收边，衣服完成。

图1：平面展开图

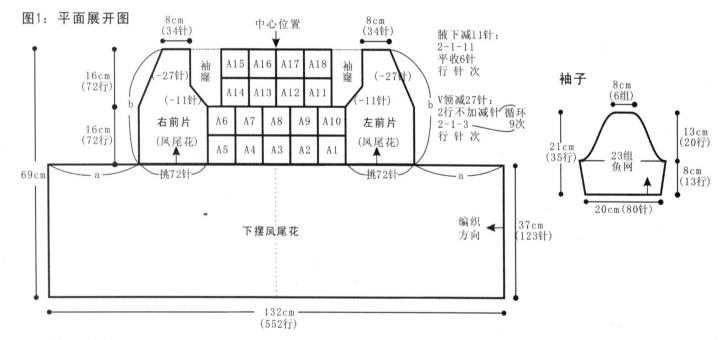

钩织顺序：

1. 下摆凤尾花。2. 单元花A钩织并连接，然后与1相连接，注意中心位置。3. 左、右前片与2相连接。4. 两片前片与单元花A相缝合。5. 门襟、领口钩5锁针鱼网（a、b段及后领没缝合处）。6. 袖子。7. 袖子与袖窿相缝合。8. 下摆凤尾花钩逆短针边缘。

衣服缝合图

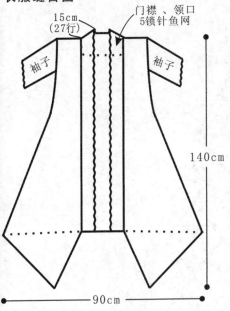

图2：凤尾花图解(长度织132cm、宽度起123针)
起123针排花：2针边针+17针花样(7组119针)+2针边针

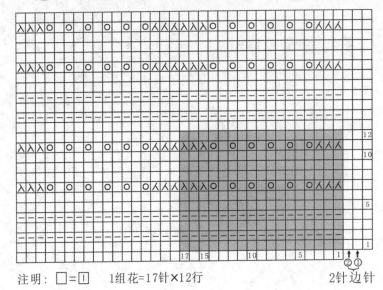

注明： □=□   1组花=17针×12行   2针边针

图3：单元花A图解及连接方法(引拔针相连)

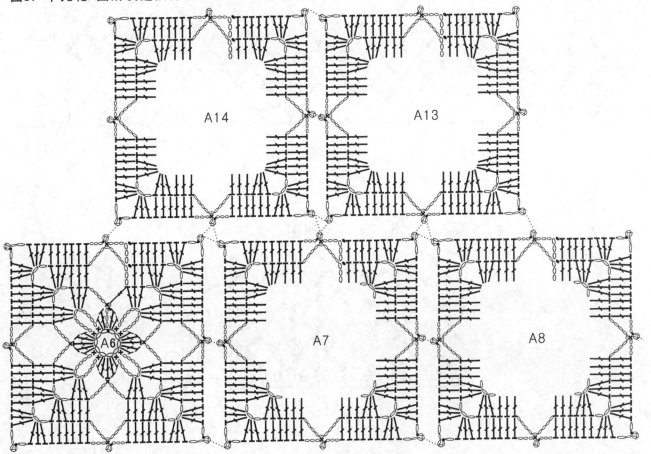

图4：袖子整体图

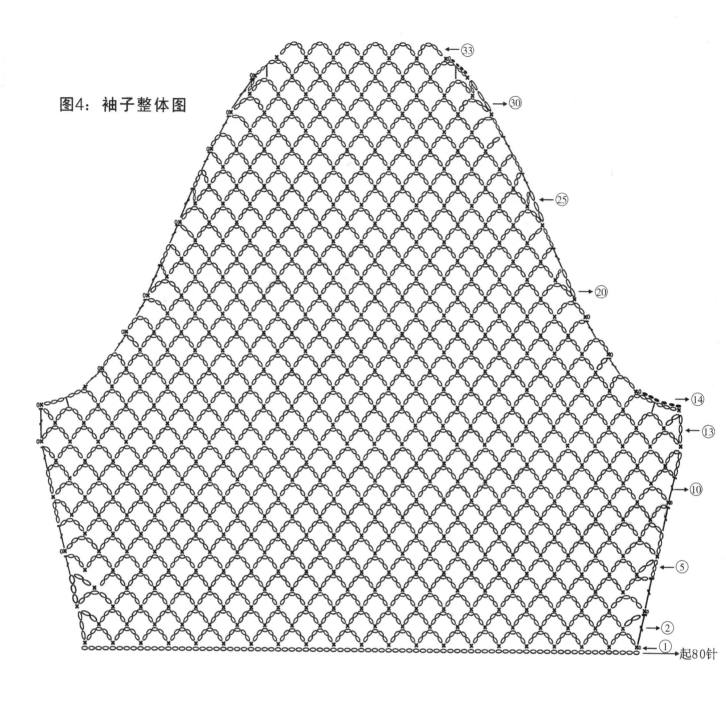

图5：门襟、领口鱼网图

雅——螺旋花裙子

成品规格：衣长92cm，胸围84cm
编织工具：12号、13号棒针，4号潮州钩针
编织材料：段染锻丝550g
编织密度：126针螺旋花每边6cm
编织要点：

1. 结构图，参照图1，衣服为螺旋花衣，螺旋花编织参照螺旋花编织及连接图解。参照图2，衣服共8行螺旋花及袖口螺旋花连接，然后在边缘进行装饰而成。螺旋花用13号棒针，边缘用3号钩针，领挑针用13号棒针，翻领用12号棒针。

2. 螺旋花，如图2，螺旋花编织顺序，第1~8行每枚花起始针数分别为：126针、138针、138针、126针、126针、132针、144针、150针，注意第3行袖口留边。

3. 领口，参照图3，按挑针说明及挑针明细图挑390针，然后按减针说明及减针针法图减至230针，织12行。棒针织完后用钩针收针，每3针并1针再钩3锁针，随后参照图5花样A图解钩织花样A。

4. 袖口花样A，1对1挑针后，参照图5花样A第2行钩织。

5. 下摆花样B，参照图5花样B，1对1挑针后钩织2行后收针。衣服完成。

图1：结构图

图2：螺旋花一片摆放平面图
（黑色数字为每花起始针数、灰色数字为袖口3条边两侧即为6条边，袖口挑3枚螺旋花，每花起始针数为138针）

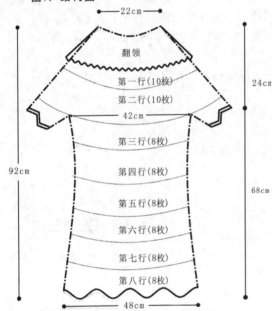

图3：领口挑针明细图、领口减针针法图

领口减针针法图

图4：花样A、B图解

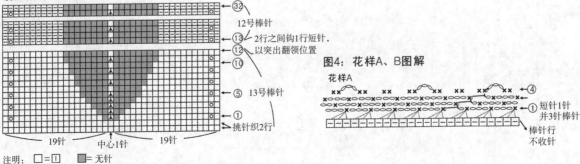

蓝色经典

成品规格： 衣长65cm，胸围74cm，肩宽30cm，袖长37cm

编织工具： 3号可乐钩针

编织材料： 夹金丝丝光棉线450g

编织要点：

1. 结构图，参照图1，衣服由身片与两片袖片钩织而成。身片花样A钩织后，在花样A上挑针圈织花样B，然后分袖编织前后片；下摆花样C在花样A上挑针钩织。袖片花样A钩织后，在花样A上挑针钩花样B、袖摆钩花样C。

2. 身片，①钩织花样A，起27针锁针，如图2花样A钩织，每6行为1组，织20组花样后收针，然后与起针行相缝合呈圆形。②钩织花样B，参照图3、图4，挑针圈织24行后分袖。③钩前片，如图3，从25行钩至42行后开前领，前领减针方法如图，开领后共钩20行收针。④钩后片，参照图3，从25行钩至54行后开后领，继续织8行，减针如图。身片钩完后，前后片肩部相缝合。

3. 袖片（两片），①钩织花样A，起15针锁针，如图2花样A钩织，每6行为1组，织7组花样后收针，然后与起针行相缝合呈圆形。②钩织花样B，参照图4，花样B挑针织2行后按图4加针至18行，往上织袖山，减针至40行后收针。相同方法织另一片。袖片袖下缝合，并与身片袖窿相缝合。

4. 花样C、D，①身片花样C，在花样A上1对1挑针后，参照图2，继续钩织1行挑针行，然后按图解钩织，图中所示6、7、8、9、10长针，意思为发散长针针数，其中间3组各为2段，共织30行。钩完花样C后参照花样D，1对1挑针后钩织1行收针。②袖口花样C，类似身片，按图解钩织，织6行后钩花样D。

5. 领口花样E，参照图3领口花样E图解挑针钩织。衣服完成。

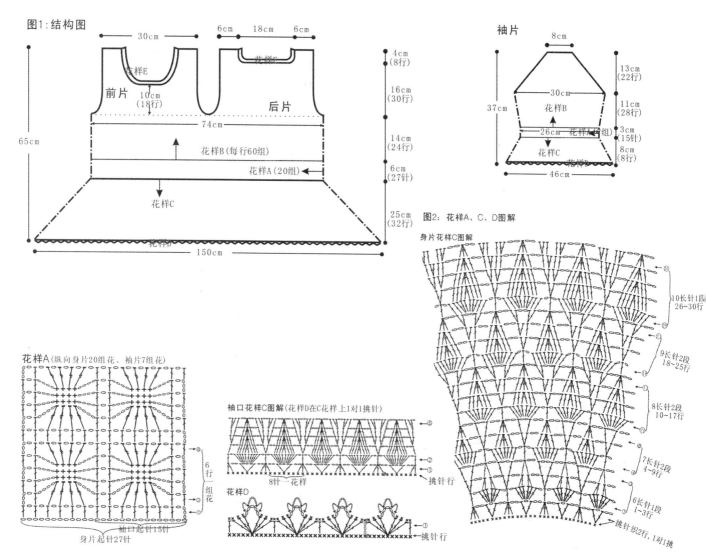

图1：结构图

袖片

图2：花样A、C、D图解

身片花样C图解

花样A（纵向身片20组花、袖片7组花）

袖口花样C图解（花样D在C花样上1对1挑针）

花样D

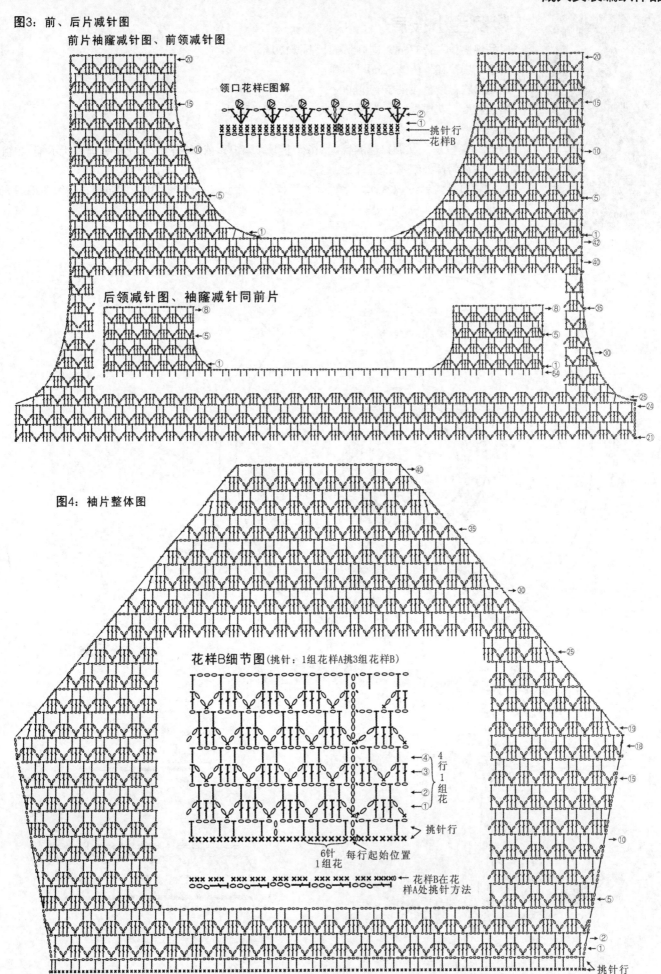

图3：前、后片减针图
　　前片袖窿减针图、前领减针图

领口花样E图解

后领减针图、袖窿减针同前片

图4：袖片整体图

花样B细节图(挑针：1组花样A挑3组花样B)

紫罗兰小披肩

成品规格： 衣长37cm，领口56cm，下摆179cm

编织工具： 10号棒针，6/0号钩针

编织材料： 紫色段染粗毛线400g

编织密度： 花样编织、上下针编织，15针×21行=10cm²

编织要点：

1. 此时尚披肩是从领口起84针编织6行上下针编织，依照结构图及花样编织图所示编织9组花样，并在门襟处编织6针上下针。

2. 在领口处挑针编织2行缘编织A及在下摆处挑针编织3行缘编织B，依照饰花编织图编织完整饰花，并固定在右领口处。

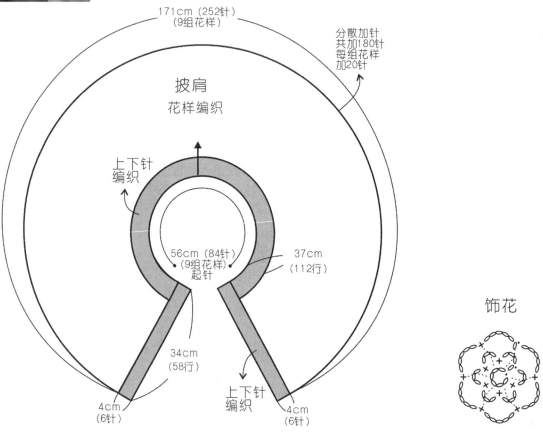

披肩结构示意图

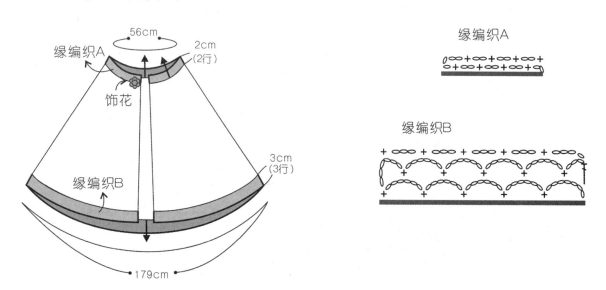

花样编织

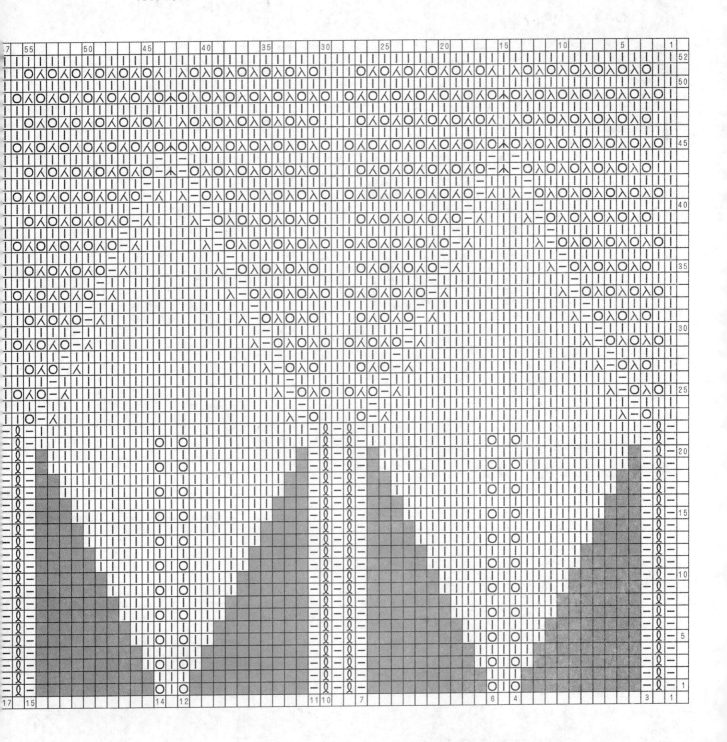

俏丽袖子披肩

成品规格：衣长38cm，胸围100cm左右，连肩袖长36cm

编织工具：4.0mm辉忠魔法一根针，4号可乐钩针

编织材料：丝光长绒棉彩丝手钩纱200g

编织要点：

1. 这款披肩两头都可以穿，先按照图示编织大、小2个长方形，再缝合一部分作为披肩袖子，最后钩花边。

2. 先织大长方形，4.0mm辉忠魔法一根针起110针织44个花样A（133行）。

3. 在大长方形的侧面一边中间挑钩针，两边各留5个花样，织小长方形，起138针，织6个花样A（19行）。

4. 把AB边与CD边缝合，EF边与GH边缝合，AC边与FH边缝合后围成一圈作为两个袖口。

5. 用可乐钩针4号沿缝合好的袖口、领口和下摆织4行花样B。

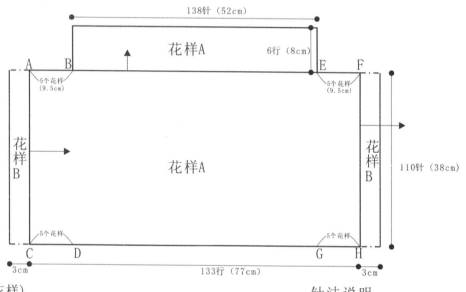

花样A（3针，3行1花样）

针法说明：

□ = ⊕ =下针

～ =引退针

＼○／ =束内1针正针、加1针、1针正针

✕ =3针并1针短针编织

❀ =锁针

❋ =短针

T =中长针

🪶 =5加长针的枣形针

ↄ =引拔针

→ =编织方向

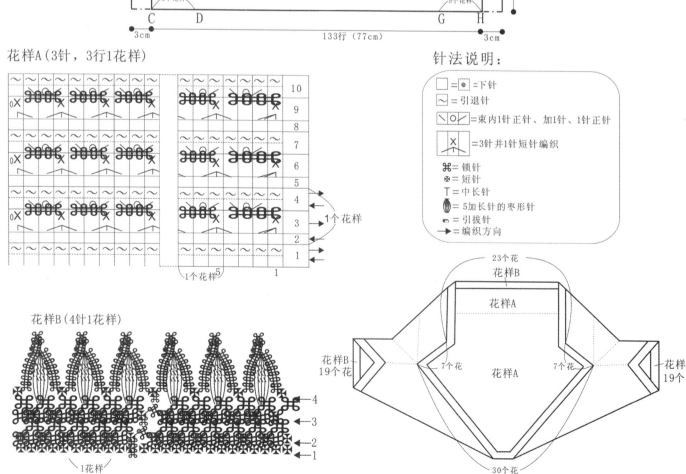

花样B（4针1花样）

138

百搭菠萝披肩

成品规格：衣长32cm，宽80cm

编织工具：4号潮州钩针

编织材料：白色锻丝250g

编织要点：

1. 结构图，参照图1，衣服为菠萝花披肩，为圈织，主体钩织花样A后在领口钩织一行花样B而成。

2. 花样A，如图2，锁针起192针，每8行为1组，共24组，行数上共3组菠萝花，具体参照图示钩织。

3. 花样B，参照图2，在领口挑针钩一行花样B后收针。衣服完成。

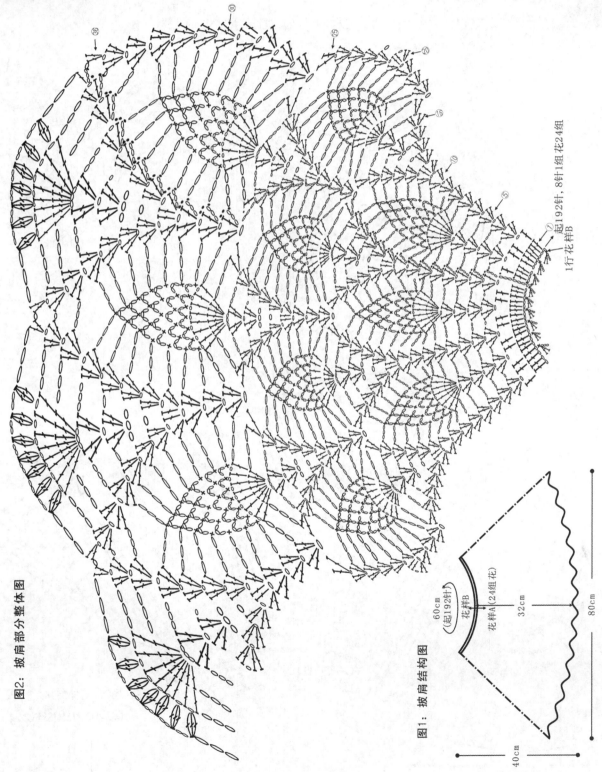

图2：披肩部分整体图

图1：披肩结构图

粉蝶翩翩

成品规格：披肩长40cm，披肩宽95cm

编织工具：5号可乐钩针

编织材料：丝光长绒棉彩丝线400g

编织要点：

1. 结构图，参照图1，披肩由单元花A，花样B、C钩织而成。

2. 单元花A，参照图2单元花A图解、钩织说明及连接说明钩11枚单元花并相连接。连接后如图在大翅膀侧钩2行7锁针鱼网。

3. 花样B，参照图2，起198针，共22组，钩17行，钩第18行时边钩边与连接好的单元花A相连接，连接方法参照图2。

4. 花样C，参照图3，在花样B起针处1对1挑针钩织2行花样C。

图2：单元花A、花样B图解

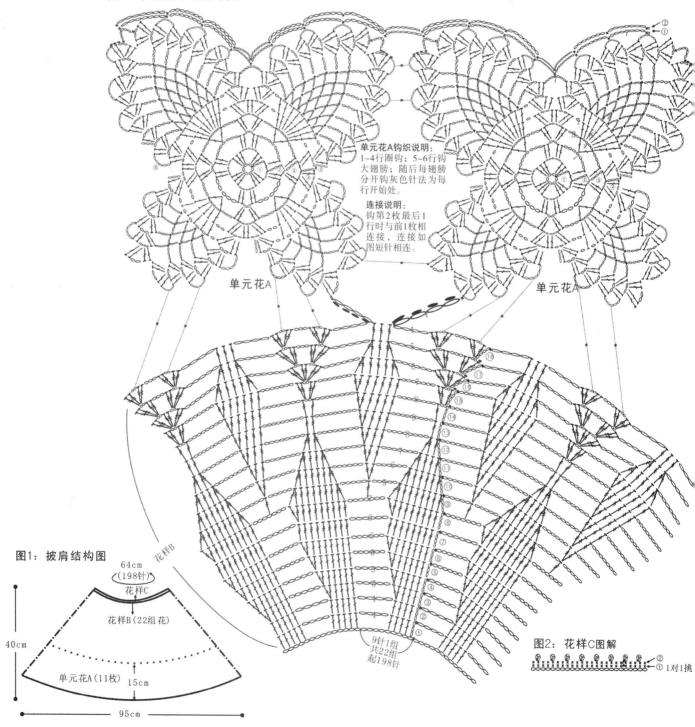

单元花A钩织说明：
1~4行圈钩；5~6行钩大翅膀；随后每翅膀分开钩灰色针法为每行开始处。

连接说明：
钩第2枚最后1行时与前1枚相连接，连接如图短针相连。

单元花A

单元花A

9针1组
共22组
起198针

图2：花样C图解
①1对1挑

图1：披肩结构图

64cm
(198针)
花样C
花样B（22组花）
单元花A（11枚）
40cm
15cm
95cm
花样B

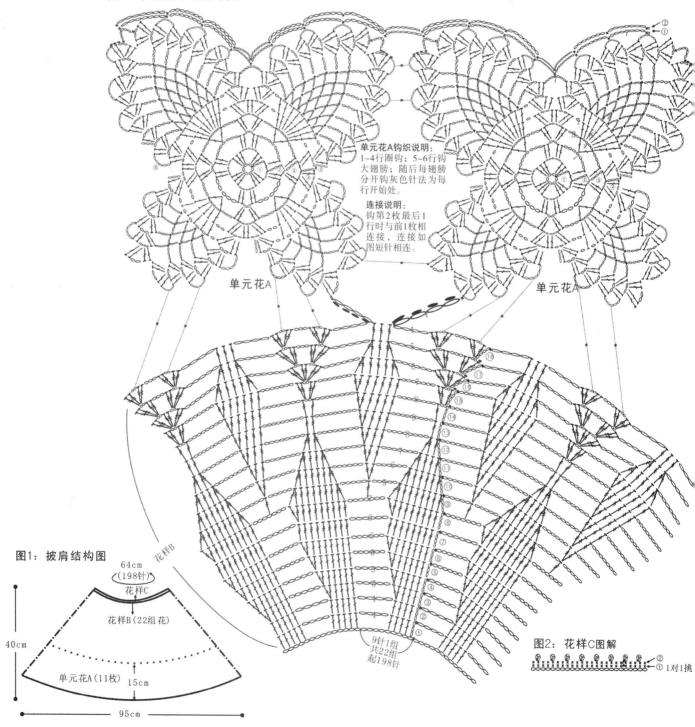

个性披肩

成品规格： 衣长58cm，衣宽116cm
编织工具： 4号潮州钩针
编织材料： 意大利棉线255g
编织要点：

1. 结构图，参照图1所示，披肩由花样A、B钩织而成。

2. 花样A，参照图2，注意横向为部分图解，实际起345针，然后按图解钩织75行。

3. 花样B，参照图2，花样A钩织完成后不用断针，直接钩边缘花样B，另一侧起针处钩法相同。

4. 花样C，参照图2，在披肩两侧1对1挑针，钩2行后收针。

5. 收尾，参照图1及图2，在相应位置对称安上10枚纽扣。衣服完成。

图1：结构图

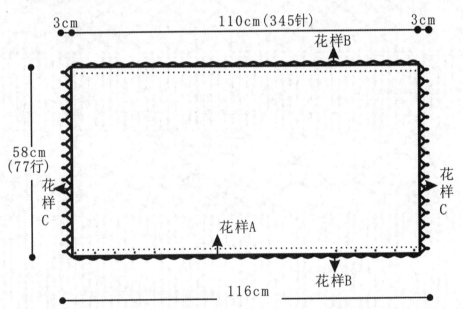

图2：披肩部分整体图

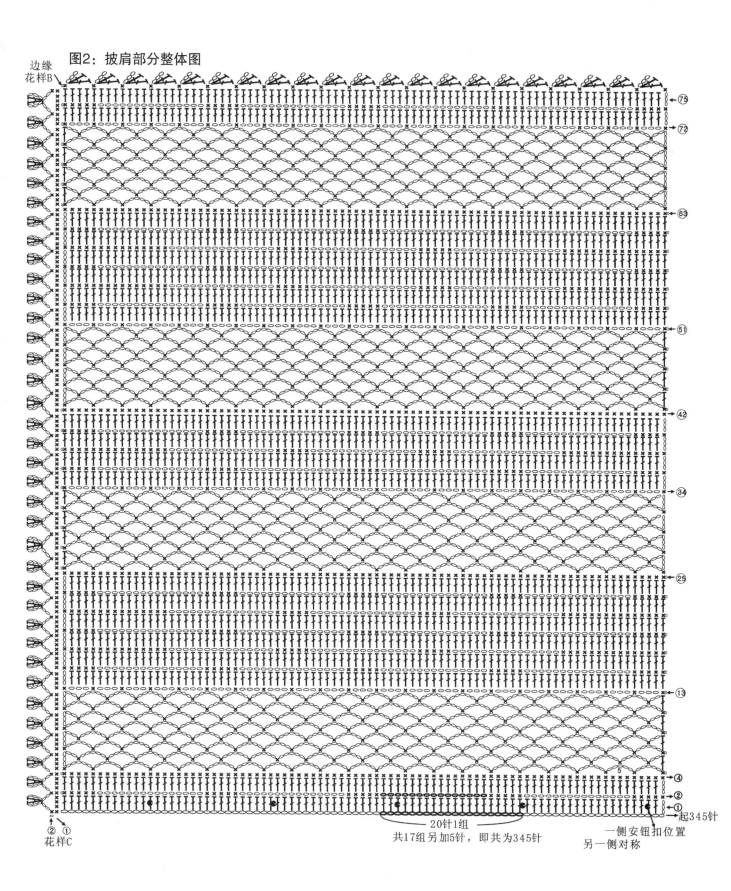

边缘
花样B

花样C

②→ ①→

20针1组
共17组另加5针，即共为345针

起345针

一侧安钮扣位置
另一侧对称

142

粉荷

成品规格：衣长69cm，胸围80cm，袖长18cm，背肩宽32cm

编织工具：1号棒针，10/0号钩针

编织材料：粉紫色冰丝线450g

编织密度：花样编织A、B、C，35针×38行=10cm²

编织要点：

1. 此时尚短袖套头衫前后身片为圈状编织，是从下摆起336针，依照结构图加减针方法及花样图依次进行编织，编织完整后拼接前后肩线。

2. 袖片是从袖口起120针，依照结构图减针方法编织花样编织C，编织完整后安装在衣身片袖口处。

3. 最后在领口处钩织3行短针。

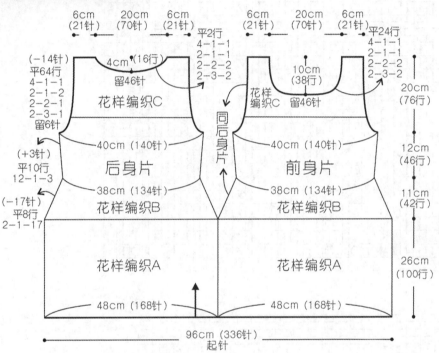

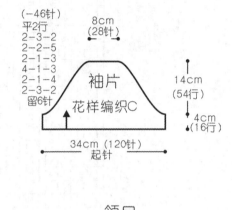

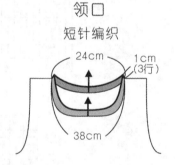

花样编织B

花样编织A

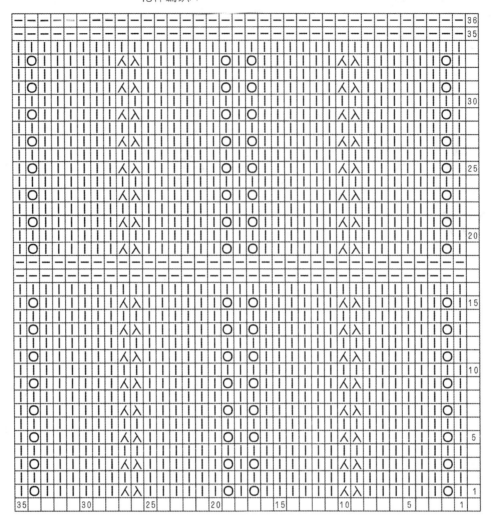

花样编织C

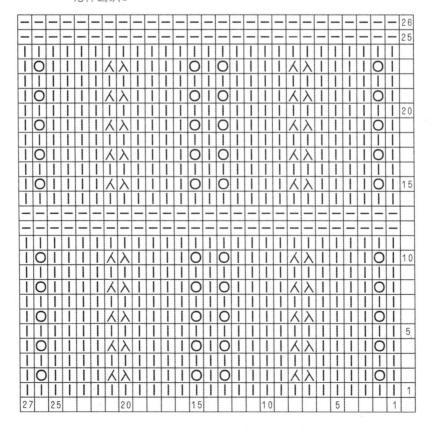

清新夏日

成品规格：衣长52cm，胸围80cm

编织工具：13号棒针；3号潮州钩针

编织材料：绿色段染锻丝200g、白色段染丝线50g

编织密度：单元花A=24cm×24cm

编织要点：

1. 结构图，参照图1，衣服为棒针编织单元A，然后在单元花A上用钩针挑针钩织花样B。然后进行装饰而成。

2. 单元花A，参照图3单元花图解及说明，用手指绕2圈钩织出12针，然后等分4份呈正方形编织，具体编织方法参照图解，织至82行，用钩针收边，收针方法为每2针并1针钩3锁针，1行完成后每鱼网里挑2针短针，即每边为83针短针。

3. 袖窿以下花样B，参照图1、图2，在单元花一侧挑93针长针，挑针方法如图，然后参照图3钩花样B，每4行为1组，一侧钩2组花，另一侧挑针钩24组另加每组第1行，最后一行一边编织一边与另一侧相缝合。形成圈后，在两侧挑68组花样B，两侧行数上均钩2组花样B后收针。往上分袖钩织，两侧各留3组花，开始织前、后片。

4. 分袖后前、后片，参照图1、图4，袖窿织至12行后开前领，继续织23行后收针。后片为方领，织35行后收针。具体收针方法如图。

5. 袖窿花样C、下摆花样D，参照图5用白色线钩花样C，挑针为1对1挑针，挑针后织13行后收针。

6. 下摆花样D钩织类似袖窿，挑针后按图5花样D说明及图解钩织。

7. 领口花样E，参照图4，用白色线在领口1对1挑针后钩织花样E。

8. 花样F，参照图4，在花样B上用白色线挑针钩织3行花样F。衣服完成。

图1：结构图

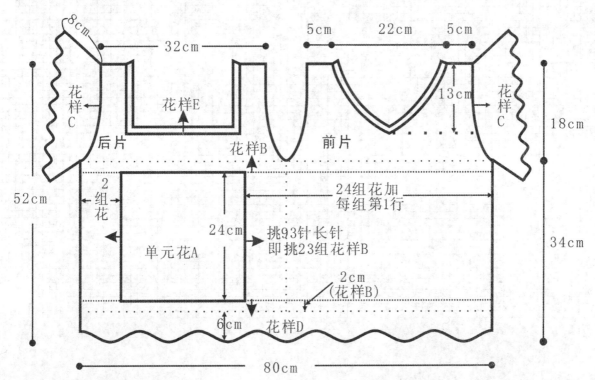

图2：单元花A图解

单元花起始、收针说明：

起始：用线在手指上绕2圈，然后在圈里织出12针，织1行下针；把12针分成4份，每份3针，然后按图解编织48行。

收针：织至48行后，用钩针收针，方法为每2针并1针，再钩3锁针，即为钩织3锁针鱼网。继续钩1行短针,每1网格挑2短针。

说明：双数行均织下针　□=□

23组花
挑93针，每8针
加1针共10次
每边挑
83短针
收针行

图3：花样B细节图

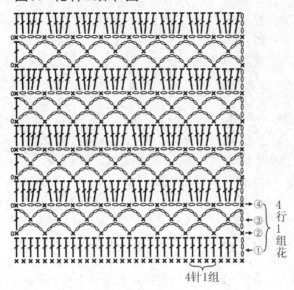

④
③ ⎫ 4
② ⎬ 行1组花
① ⎭

4针1组

图4：袖窿减针图、前后领减针图、领口花样E、花样F图解

花样E

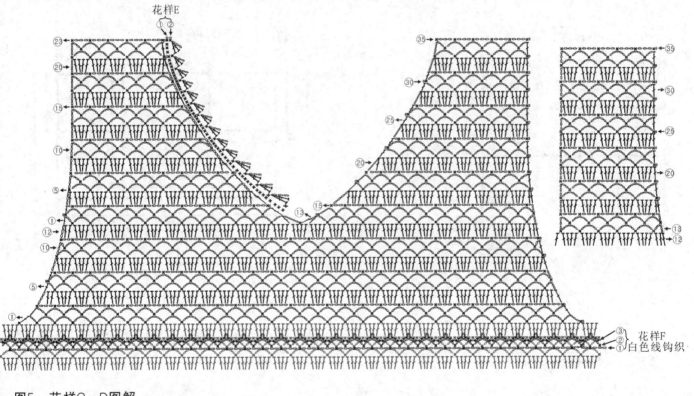

花样F
白色线钩织

图5：花样C、D图解

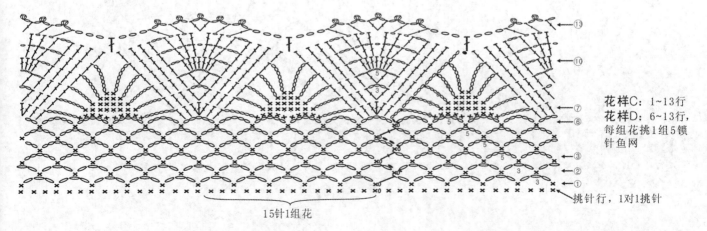

花样C：1~13行
花样D：6~13行，每组花挑1组5锁针鱼网

15针1组花

挑针行，1对1挑针

炫紫

成品规格：衣长43cm，胸围82cm
编织工具：13号棒针；3号潮州钩针
编织材料：紫色段染锻丝线250g、紫色丝带若干
编织密度：1单元花=17cm×17cm
编织要点：

1. 结构图，参照图1、图2，衣服为棒针、钩针拼花衣。共12枚单元花相连接后钩织边缘而成。

2. 单元花A，参照图3单元花图解及说明，用手指绕2圈钩织出12针，然后等分4份呈正方形编织，具体编织方法参照图解，织至48行，用钩针收边，收针方法为每2针并1针钩3锁针。第2枚单元花最后1行钩完后继续钩1行3锁针鱼网与第1枚单元花相连接，连接方法参照图3。注意第1枚与第12枚相连接、第2枚与第9枚相连接，以此形成袖口。

3. 花样B，参照图4，在门襟、领口、下摆挑针，挑针方法为每1网格挑2针，挑针完成后钩织5行花样B后收针。袖口花样B钩织方法同门襟处。

4. 收尾，取一定长度丝带，在钩织花样B处，间隔穿于花样B第1行。衣服完成。

5. 装饰，裁剪合适蕾丝带，用缝纫机缝合在下摆相应位置。衣服完成。

图1：平面展开图

a	A12	A11	A10	A9	b
	A5	A6	A7	A8	
	A3			A4	
a	A1			A2	b

图2：结构图

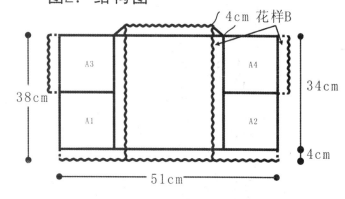

图4：花样B图解

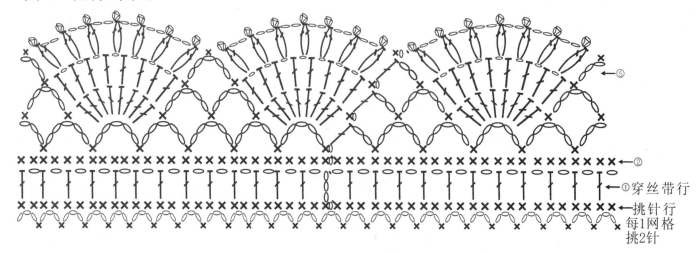

①穿丝带行
←②
①穿丝带行
挑针行
每1网格
挑2针

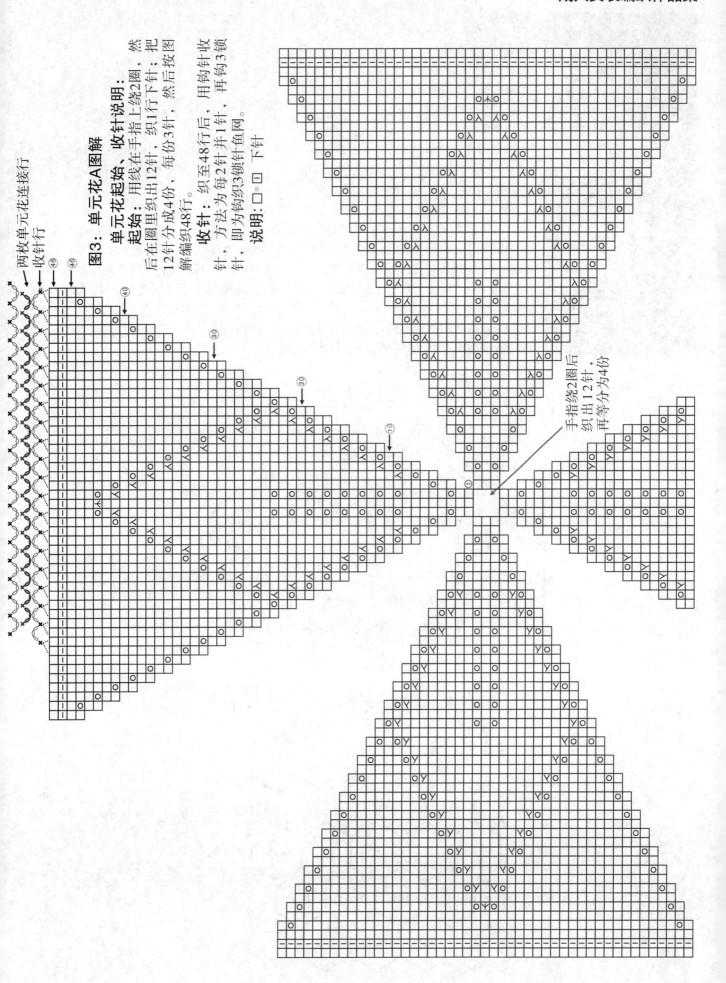

图3：单元花A图解

单元花起始、收针说明：

起始：用线在手指上绕2圈，然后在圈里织出12针，织1行下针；把12针分成4份，每份3针，然后按图解编织48行。

收针：织至48行后，用钩针收针，方法为每2针并1针，再钩3锁针，即为钩织3锁针鱼网。

说明：□=□ 下针

两枚单元花连接行
收针行
48
46
40
30
20
10
①
手指绕2圈后织出12针，再等分为4份

蓝玫瑰

成品规格：衣长43cm，胸围82cm

编织工具：13号棒针、3号潮州钩针

编织材料：段染锻丝线275g

编织密度：126针螺旋花每边6cm

编织要点：

1. 结构图，参照图1，衣服为螺旋花衣，螺旋花编织参照螺旋花编织及连接图解。参照图2，衣服共4行螺旋花及袖口螺旋花连接，然后在边缘进行装饰而成。螺旋花用13号棒针，边缘用3号钩针。

2. 螺旋花，如图2，螺旋花编织顺序，第一步织10枚起针为126针的螺旋花并相连接；第二步织10枚起始114针螺旋花并连接；第三步织8枚起始126针螺旋花并连接，注意留出袖口3边；第四步织8枚起始120针螺旋花并连接。第5步织袖口3枚起始114针螺旋花并连接。

3. 领口，参照图3，按挑针说明及挑针明细图挑370针，然后按减针说明及减针针法图减至190针，织14行。棒针织完后用钩针收针，每3针并1针再钩3锁针，随后参照图5花样A图解钩织花样A。

4. 袖口花样A，1对1挑针后，参照图5花样A第2行钩织。

5. 下摆花样B，参照图5花样B，1对1挑针后钩织2行后收针。衣服完成。

图1：结构图

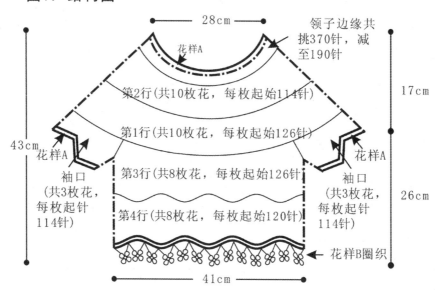

图2：螺旋花一片摆放平面图

(黑色数字为每花起始针数、灰色数字为袖口3条边两侧即为6条边,袖口挑3枚螺旋花,每花起始针数为114针)

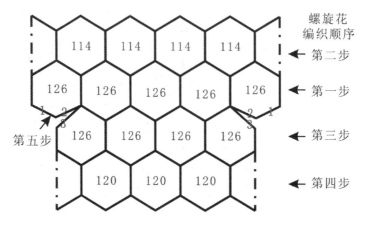

图3：领口挑针明细图、领口减针针法图

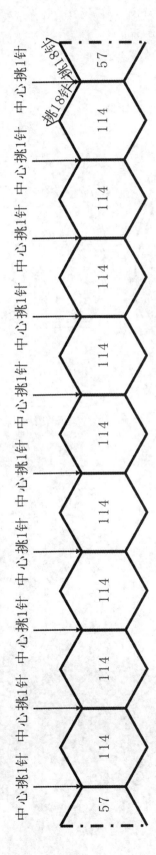

中心挑1针 中心挑1针 中心挑1针 中心挑1针 中心挑1针 中心挑1针 中心挑1针 中心挑1针 中心挑1针 中心挑1针

挑18针上挑18针

57 | 114 | 114 | 114 | 114 | 114 | 114 | 114 | 114 | 57

挑针说明：领口每边挑18针，共20边360针；如图两花中心挑1针共10针，即共挑370针。

减针说明：如针法图，每行中心3并14次，2行中心3并14次，减至190针。

领口减针针法图

注明： □＝□ ■＝无针

图5：花样A、B图解

花样A

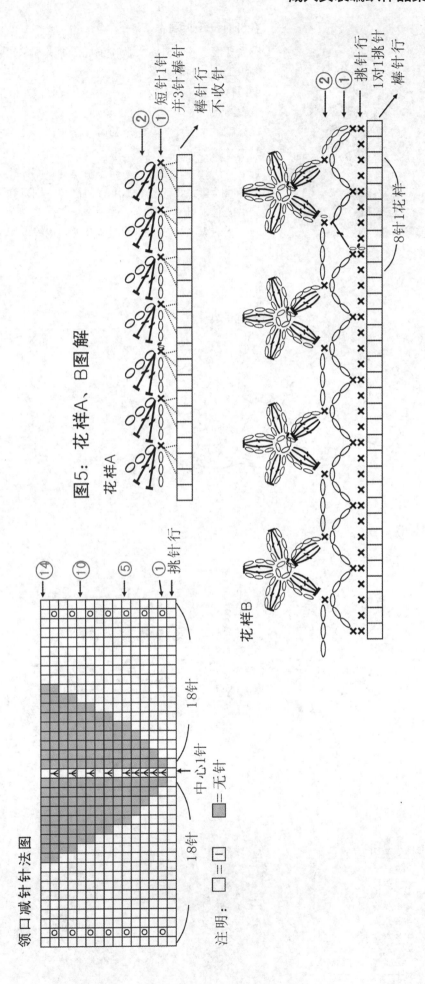

花样B

绮丽——披肩毛衣

成品规格：衣长51cm，胸围98cm，连肩袖长50cm

编织工具：9号潮州钩针

编织材料：九色鹿段染毛线868g，衣服742g，帽子126g左右

编织要点：

1. 披肩由左前片、右前片和后片组成。

2. 后片（1片），前片（2片）：参考花1~花6的单元花针法图，和结构中每个单元花的摆放位置进行拼花，将各个单元花固定位置，用渔网连接，连接的时候要注意平整，披肩的两个袖口一圈随单元花的自然弧度，门襟边、领口和下摆边用渔网填平。

3. 沿披肩领口、门襟、下摆一圈织花样B。

4. 帽子的织法，按照帽子图解及说明钩织。

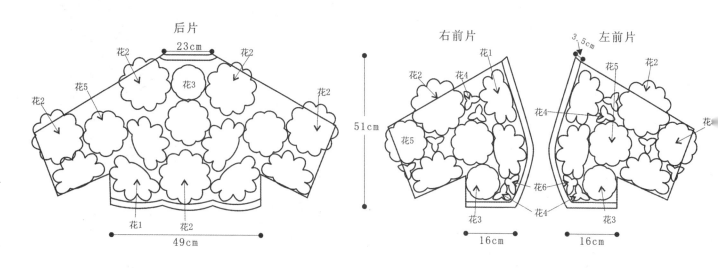

花1针法图：12个

花2针法图：7个

花3针法图：3个

花5针法图：7个

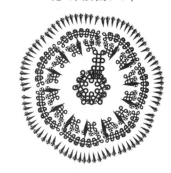

针法说明：

✤ =锁针
✠ =短针
✤ =逆反短针
♦ =长针
▭ =滑针
➤ =编织起点
► =断线
→ =编织方向

花4针法图：10个

花6针法图：2个

领口花边针法图

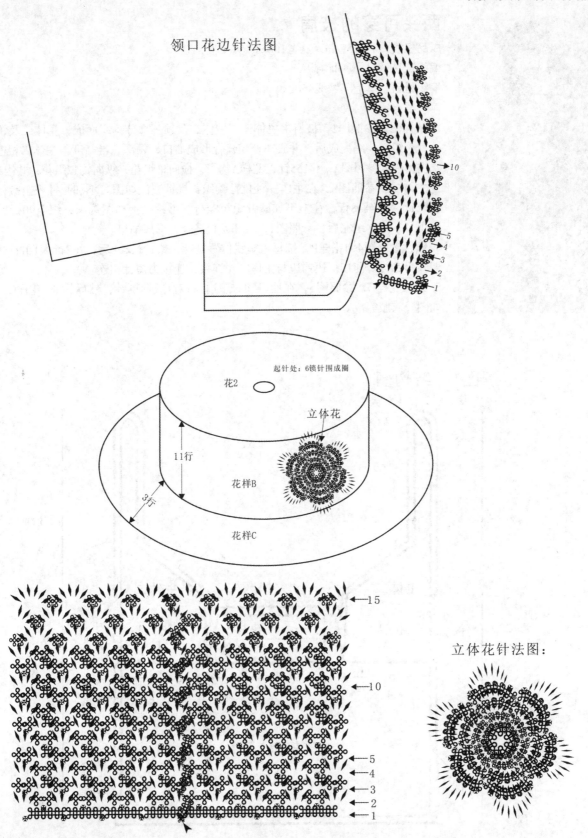

花2
起针处：6锁针围成圈
立体花
11行
花样B
3行
花样C

立体花针法图：

帽子钩织说明：
　　起6针锁针围圈，先按照花2的针法图，织一朵花2，再5辫子1短针
（20次）把花2的边缘补圆，每个花瓣1短针5辫子1短针，花瓣与花瓣之
间5辫子，再按照帽子针法图14行花样。
　　帽子钩织完后，在相应位置缝上一枚立体花朵，立体花朵为4层，
具体织法见立体花针法图。

两头可穿的披肩

成品规格： 衣长57cm，衣宽100cm

编织工具： 5号潮州钩针

编织材料： 羊毛羊绒线450g

编织要点：

1. 结构图，参照图1，披肩由主体一、主体二及领三部分钩织而成，主体二及领在主体一一侧挑针钩织，钩织完成后，并a、b处相缝合形成袖口，领部一半高度与主体二相连接。

2. 主体一，参照图2，起155针，花样A钩织，横向11组花，纵向钩12组花，共钩126行后收针。

3. 主体二，参照图3，在主体一处挑针钩织，挑针方法如图。不加减针织至27行，第28行起一侧减针，减至48行，往上不加减针织至84行，继续往上如图钩织，织至90行后收针。相同方法织另一片。织完后，参照图1，a、b处相缝合，形成袖口。

4. 领，参照图4钩花样B，按每组虚线位置挑针，钩1行长针后，每2行为1组花样，共钩19行，即共为20行。前10行边钩边与主体二相连接，连接为短针相连。

5. 边缘花样C，参照图5，在袖口和衣服边缘1对1短针挑针，然后钩4行花样C，具体钩织方法如图。衣服完成。

图1：结构图

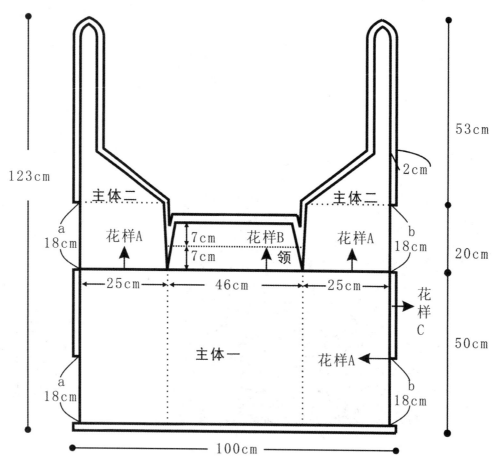

图2：花样A图解

图3：主体二花样A整体图

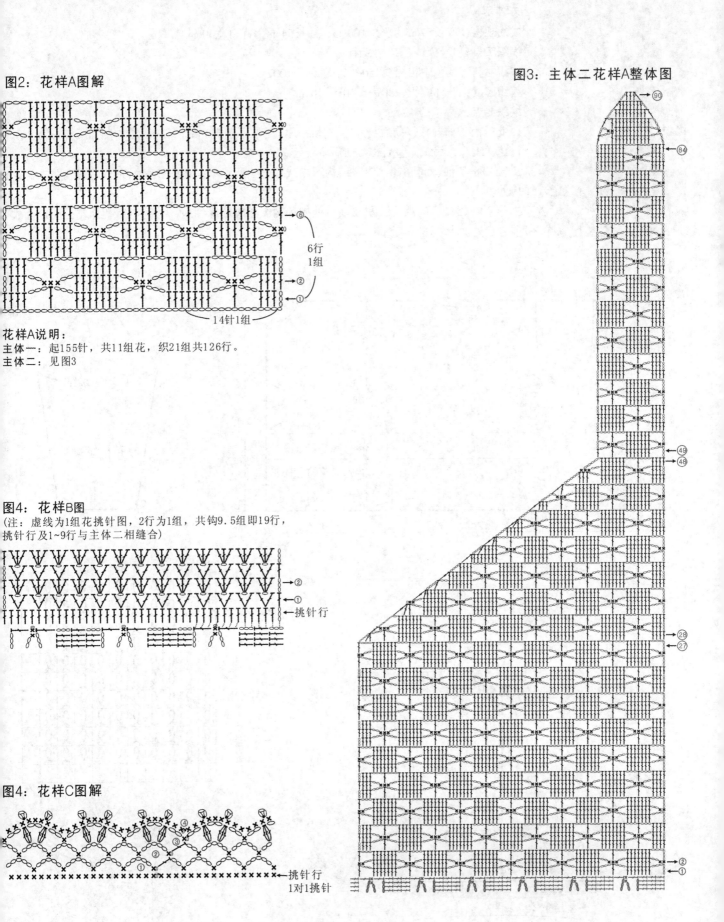

花样A说明：
主体一：起155针，共11组花，织21组共126行。
主体二：见图3

6行
1组

14针1组

图4：花样B图
(注：虚线为1组花挑针图，2行为1组，共钩9.5组即19行，
挑针行及1~9行与主体二相缝合)

挑针行

图4：花样C图解

挑针行
1对1挑针

紫蝶

成品规格： 衣长57cm，胸围100cm，袖长54cm，背肩宽40cm

编织工具： 3号棒针，7/0号钩针

编织材料： 紫色中粗棉线450g，白色棉线100g

编织密度： 花样编织，30针×40行=10cm²

编织要点：

1. 此时尚长袖开衫，前后身片为整体编织，是从下摆起336针，依照结构图加减针方法所示进行花样编织，编织完整后拼接前后肩线处。

2. 袖片是从袖口起66针，依照结构图加减针方法所示编织花样，编织完整后安装在衣身片袖口处。

3. 最后在领口、门襟、下摆及袖口处挑针钩织相应的缘编织，并钩织一朵饰花，固定在衣身前领口处。

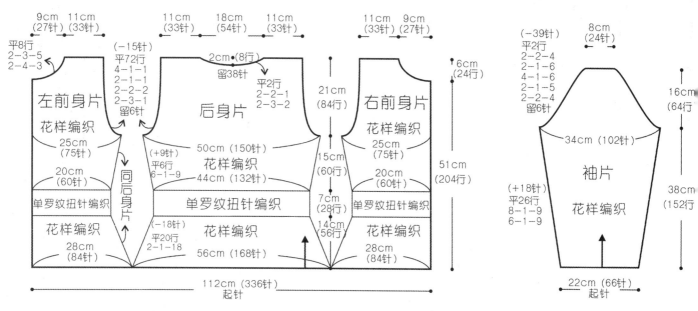

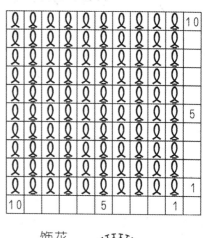

衣身片拼接示意图

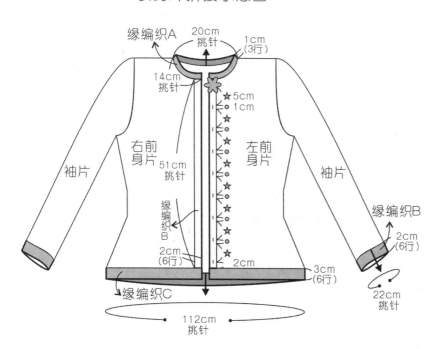

单罗纹扭针编织

饰花

花样编织

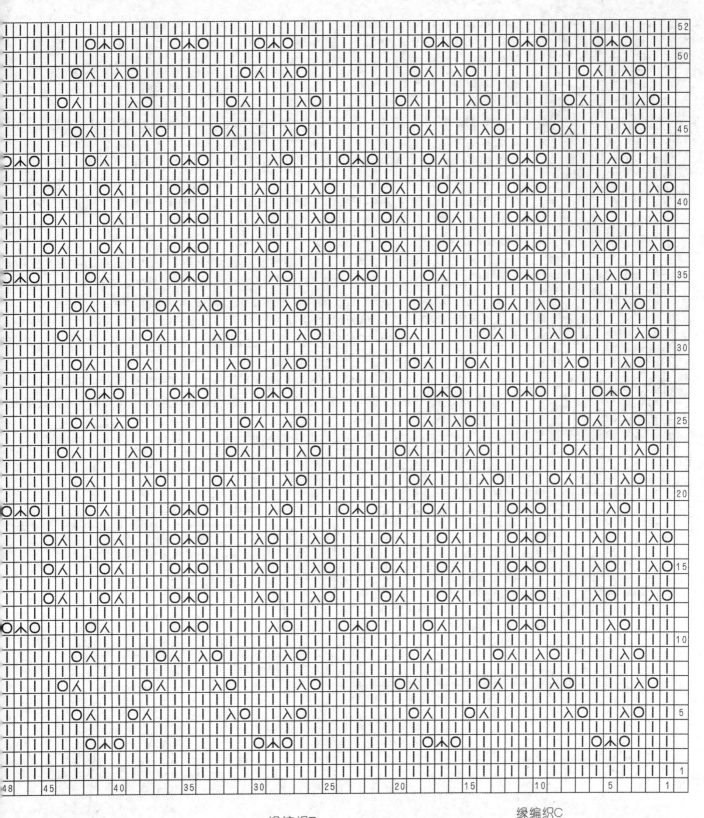

缘编织A

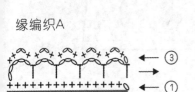

缘编织B

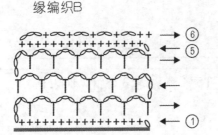

缘编织C

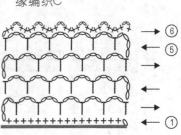

桃之夭夭

成品规格： 衣长63cm，胸围80cm，下摆宽102cm，袖长16.5cm，肩宽35.5cm

编织工具： 13号、15号棒针，4号潮州钩针

编织材料： 1股丝光棉和1股亮片线合股

编织密度： 30针×43行=10cm²

编织要点：

1. 整件衣服由身片、前片、后片和片袖片组成，腋下部分是前后片一起圈织，腋上前片和后片分片织。

2. 衣身片的织法，用15号棒针起头375针，织6行花样A，换13号棒针织花样B，每组花样1?针，10行，共25个花样，织的同时按照60-50-2减掉100针，每个花样减2针，接着继续织10行花样B，两边腋下中心各减2针，共3次（10-2-3），再织10行腋下两边各加2针，共加4次（10-2-4），第3次加针后改织花样C，4次加针结束后279针不加减织花样C10行，两边腋下各平收16针，前后片各123针开始分片织。

3. 腋上前片的织法，前片织花样C，分片后前片开始袖窿收针，在两边按照2-1-7的方法各减?针，分片后织14行开始收前领，中间留5针作为V领的底端，左边两边分别按照2-1-3，不加减织2行，这样反复9次，共收27针，最后肩部剩余30针，不加减织4行后平收。

4. 腋上后片的织法，后片和前片的织法相同，分后片后，织66行开始收后领，中间留43针，织10行花样A，两边各留出领边5针织花样A，两边剩余的针数按照2-1-3各减3针，再各不加减织4行后肩部剩余30针平收。

5. 袖片的织法，袖片用15号棒针起105针圈织，织6行花样A后，换13号棒针织花样B，共7组花样，10行后开始收袖山，腋下平收16针开始片织，两边按照2-1-25，2-4-2的方法各减33针，最后剩23针平收。

6. 下摆、袖口、领口用4号潮州钩针钩一圈逆反短针。

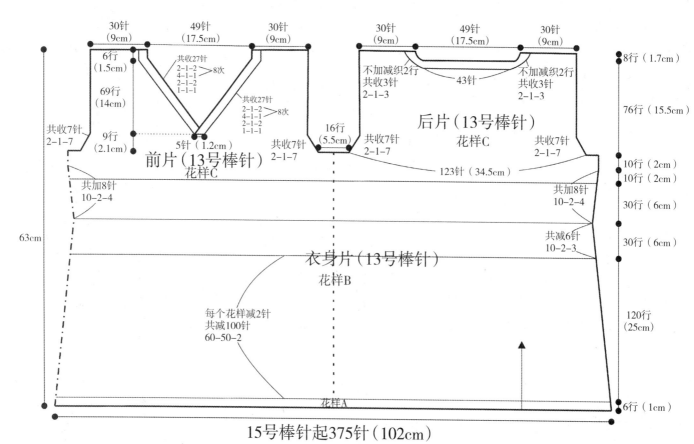

15号棒针起375针（102cm）

花样A

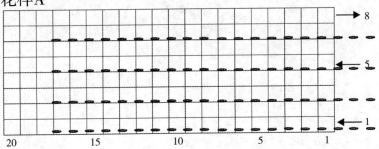

花样B

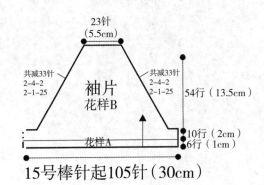

袖片
花样B

23针
(5.5cm)

共减33针
2-4-2
2-1-25

共减33针
2-4-2
2-1-25

54行（13.5cm）

花样A

10行（2cm）
6行（1cm）

15号棒针起105针（30cm）

花样B

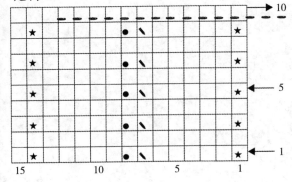

花样C

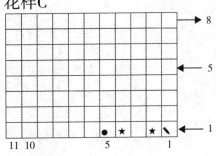

针法说明：

□ = ⊡ =下针	
⊖ =上针	
↖ =左上2针并1针	
• =右上2针并1针	
★ =空针	
→ = 编织方向	

编委会

cookiecake	羽 柔	郁左左	邰海峰	张海侠	陆浩杰
一帘幽梦	吴晓丽	朱海燕	金 凯	蔡春红	韩金燕
泇果是	叶 琳	徐 玲	朱 建	惠 科	李 凯
小 凡	骆 艳	刘 香	邹小龙	钱晓伟	周 敏

图书在版编目（CIP）数据

成人女装编织作品集 / 秋韵雨思主编. —沈阳：辽宁科学技术出版社，2014.1

（编织人生书系：04）

ISBN 978-7-5381-8374-0

Ⅰ．①成… Ⅱ．①秋… Ⅲ．①女服—毛衣—编织—图集 Ⅳ．①TS941.763.2-64

中国版本图书馆CIP数据核字（2013）第271852号

出版发行：辽宁科学技术出版社
　　　　　（地址：沈阳市和平区十一纬路29号　邮编：110003）
印 刷 者：辽宁美术印刷厂
经 销 者：各地新华书店
幅面尺寸：210mm×285mm
印　　张：10
字　　数：300千字
印　　数：1~4000
出版时间：2014年1月第1版
印刷时间：2014年1月第1次印刷
责任编辑：赵敏超
封面设计：颖　溢
版式设计：颖　溢
责任校对：李淑敏

书　　号：ISBN 978-7-5381-8374-0
定　　价：32.80元

联系电话：024-23284367
邮购热线：024-23284502
E-mail:purple6688@126.com
http://www.lnkj.com.cn